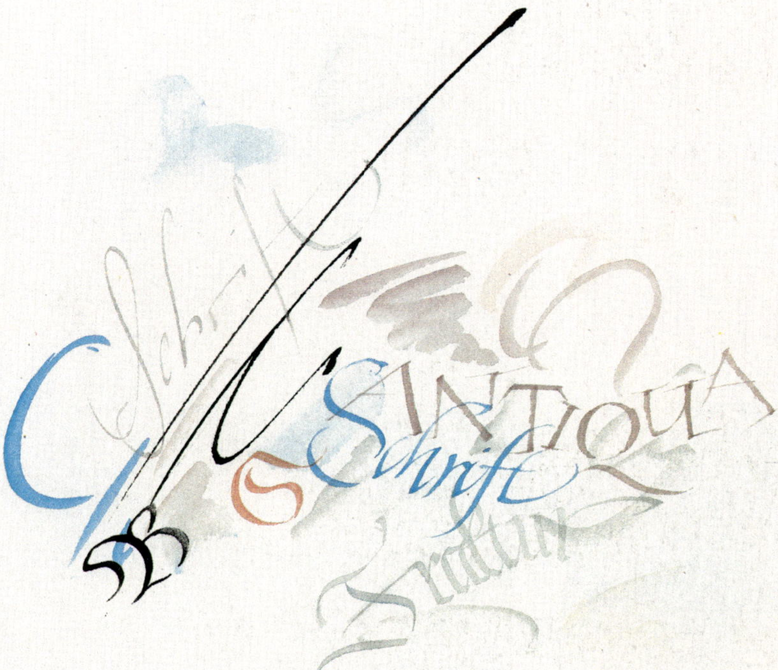
ANTIQUA
Schrift

Dieses Buch widme ich
dem Leiter des Klingspor-Museums, Christian Scheffler,
und meinen Schülern aus der Schreibwerkstatt Offenbach/Main.

Christine Hartmann
Christian Scheffler

DIE KUNST DES SCHÖNEN SCHREIBENS

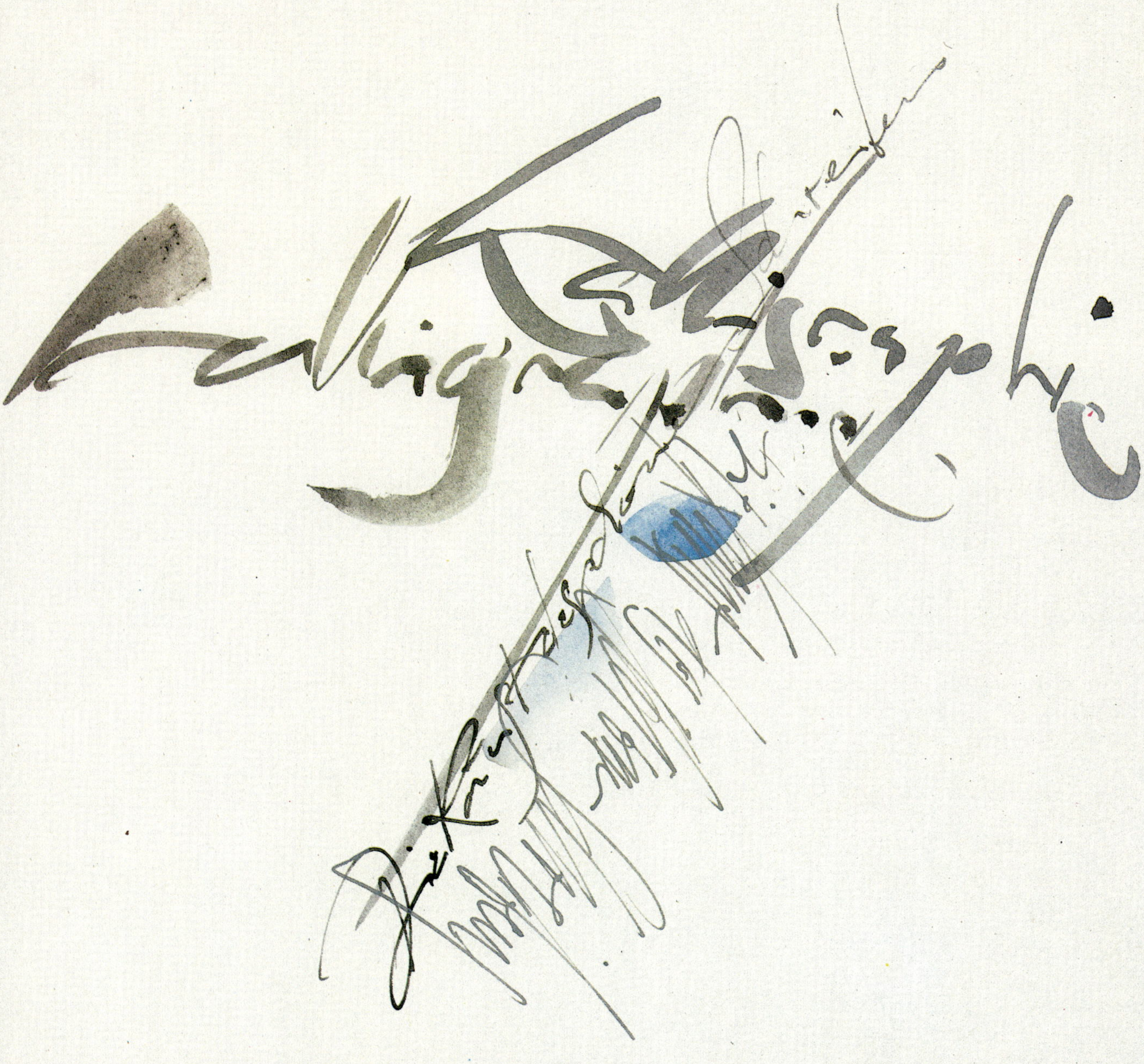

BASSERMANN

ISBN 3 8094 0595 7

Umschlaggestaltung: Peter Udo Pinzer
Umschlagillustrationen: Christine Hartmann
Fotos: Archiv für Kunst und Geschichte S. 6/7, 17, 18, 22, 23; Römisch Germanisches Museum S. 9; Akademische Druck- und Verlagsanstalt S. 15; Herzog-August-Bibliothek S. 16, 20; Photo-Design-Studio Gerhard Burock S. 32, 33, 36, 53; Dr. Volker Dorsch S. 12/13, 21, 24, 25, 26, 27, 28, 29, 73, 90, 91, 97, 101, 106, 107
Für die freundliche Genehmigung zur Veröffentlichung danken wir:
Prof. Dr. Hanns Wolf Spemann
Ursula Walcha
Lore Koch
Dr. Jürgen Aschoff
Zeichnungen: Gerhard Wawra
Redaktion dieser Ausgabe: Andrea Schilling
Herstellung für diese Ausgabe: Norbert Happel

Gesamtkonzeption: Bassermann'sche Verlagsbuchhandlung, D-65527 Niedernhausen/Ts.

042631094X7 2635 4453 6271

INHALT

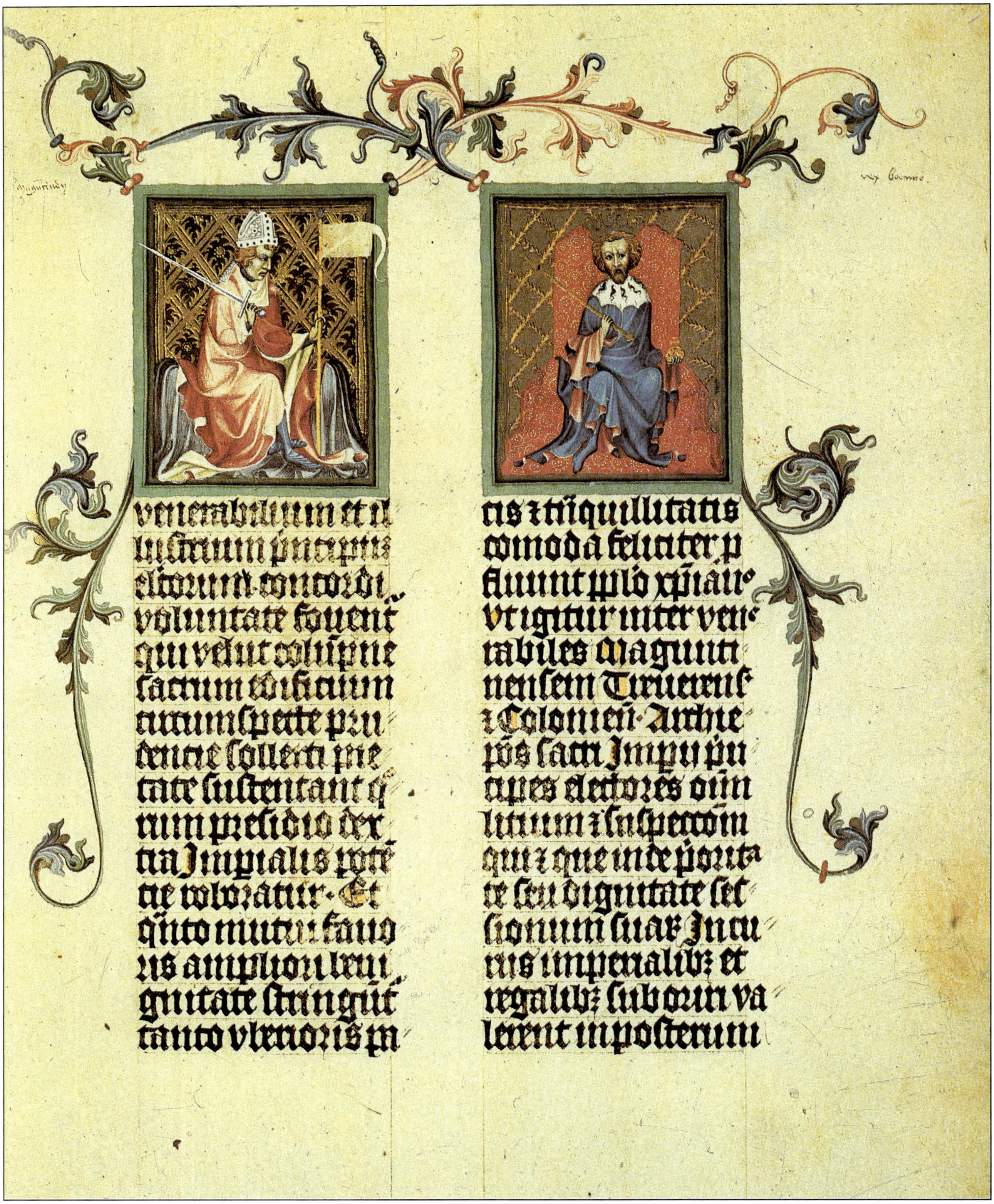
venerabilium et il
lustrium principum
electorum concordi
voluntate fovent
qui velut columpne
sacrum edificium
circumspecte pru
dencie solerti pie
tate sustentant quo
rum presidio dex
tera imperialis pote
ncie roboratur. Et
quanto mutui favo
ris amplior beni
gnitate stringuntur
tanto uberioris pa
cis et tranquillitatis
comoda feliciter pro
fluunt populo christiano
Ut igitur inter vene
rabiles Maguntinensem Treverensem
et Coloniensem archie
piscopos sacri imperii prin
cipes electores omnium
litium et suspeccionum
qui et que inde ponta
te seu dignitate ses
sionum suarum in cu
riis imperialibus et
regalibus sub omni va
lerent in posterum

Erklärungen zu diesen Abbildungen s. S. 114

ENTWICKLUNGS-GESCHICHTE DER SCHRIFT

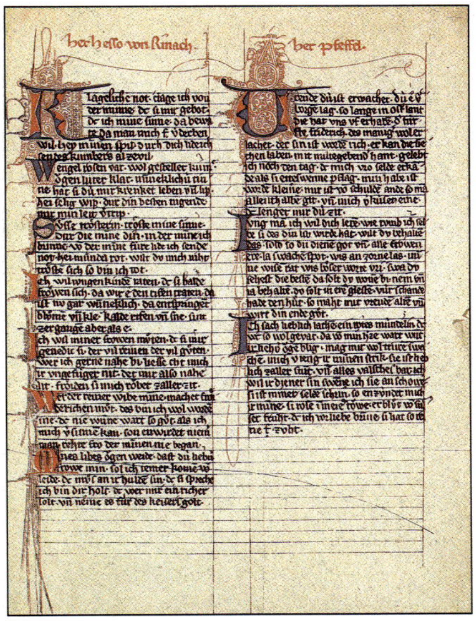

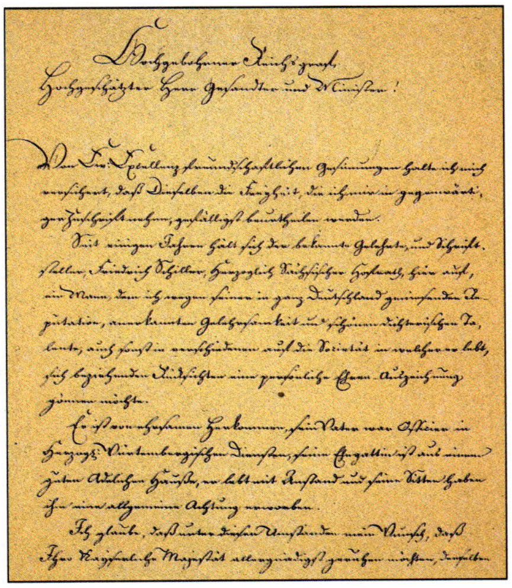

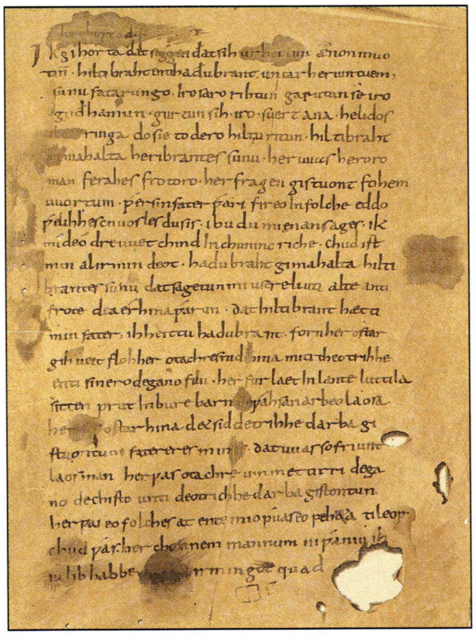

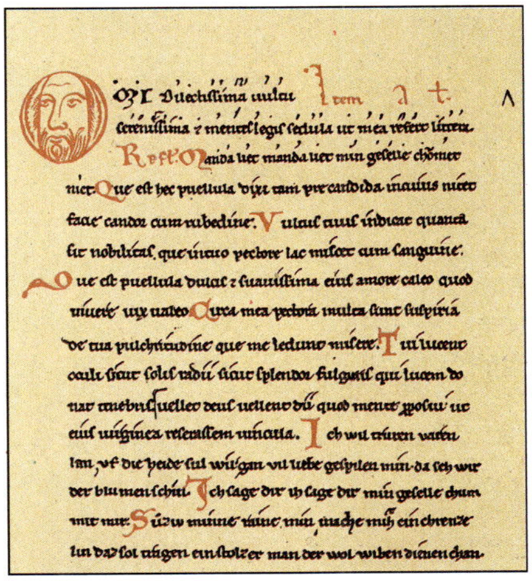

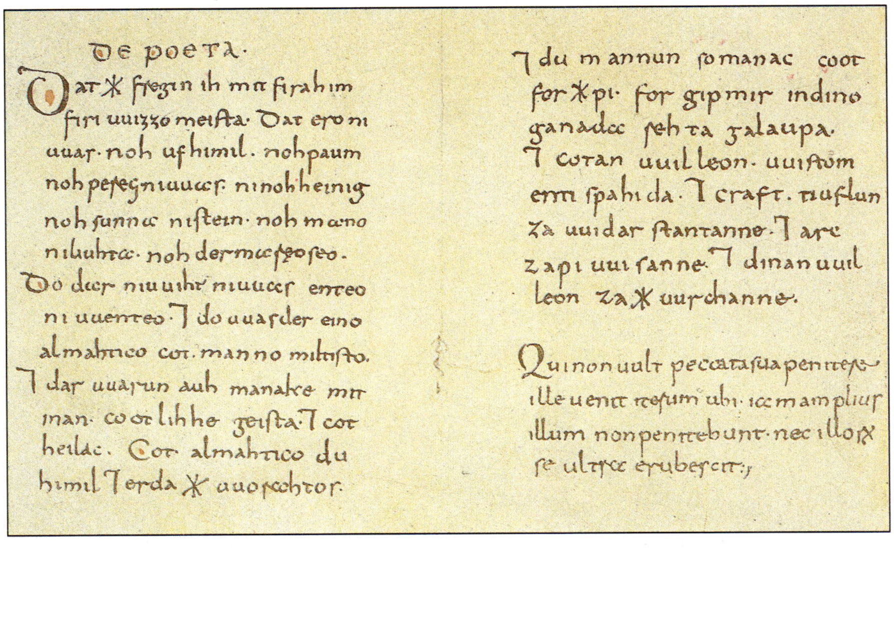

DE POETA.
Dat * fregin ih mit firahim
firi uuizzo meista. Dat ero ni
uuar. noh ufhimil. nohpaum
nohpereg niuuuas. ninohheinig
noh sunna nistein. noh mano
niliuhta. noh der mareoseo.
Do dar niuuiht niuuas enteo
ni uuenteo. enti do uuas der eino
almahtico cot. manno miltisto.
enti dar uuarun auh manake mit
man. coot lihhe geista. enti cot
heilac. Cot almahtico du
himil enti erda * uuorahtos.
enti du mannun somanac coot
for * pi. for gipmir indino
ganadec rehta galaupa.
enti cotan uuilleon. uuistom
enti spahida. enti craft. tiuflun
za uuidar stantanne. enti arc
za piuuisanne. enti dinan uuil
leon za * uurchanne.

Qui non uult peccata sua penitere
ille uenit iterum ubi iam amplius
illum non penitebunt nec illos
se ulterius erubescit.

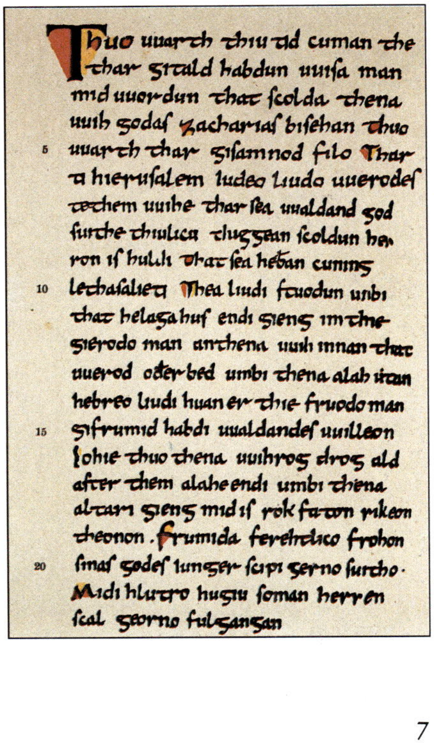

Thuo uuarth thiu tid cuman the
thar gitald habdun uuisa man
mid uuordun that scolda thena
uuih godas zacharias bisehan thuo
uuarth thar gisamnod filo Thar
ti hierusalem iudeo liudo uuerodes
tethem uuihe thar sea uualdand god
surthe thiulica thuggean scoldun her
ron is hululi that sea heban cuning
lethasalieti Thea liudi stuodun umbi
that helaga hus endi giengi im the
gierodo man antthena uuih innan that
uuerod oder bed umbi thena alah utan
hebreo liudi huan er thie fruodo man
gifrumid habdi uualdandes uuilleon
sohie thuo thena uuihrog drog ald
after them alahe endi umbi thena
altari giengi mid is rok fatun rikeon
theonon. frumida ferehtlico frohon
sinas godes iunger scipi gerno surtho.
Midi hlutro hugiu soman herren
scal georno fulgangan

Die Schrift als Kulturgut

Die Schrift ist eine der genialsten Erfindungen des Menschen. Frühere Kulturen sahen in ihr ein Geschenk der Götter und Heroen; wer schreiben konnte, wurde bewundert und verehrt. Orientalische Potentaten beschenkten die Schreiber schöner Handschriften einst überreichlich mit Gold. In China gehörte es bis in die jüngste Kaiserzeit zu jeder Staatsprüfung, daß der Kandidat mit Pinsel und schwarzer Tusche auf ausgewähltem Papier ein Gedicht in künstlerischer Form schrieb. Aus der Schrift erkannte man etwas vom Charakter, von der Bildung und der inneren Kultur des Schreibers. Der handgeschriebene Lebenslauf bei unseren heutigen Bewerbungen hat noch eine ähnliche Aufgabe.

»Gedächtnis der Völker« könnte man die Schrift auch nennen. Was Cicero und Cäsar im alten Rom dachten und sprachen, ist uns nur mit ihrer Hilfe bis heute überliefert. Die Minnelieder, die politischen Gedichte von Walther von der Vogelweide und vielen anderen Dichtern des Mittelalters, die bei höfischen Festen in längst zu Ruinen verfallenen Burgen vorgetragen wurden, sind in Handschriften erhalten geblieben.

Früher konnten nur wenige lesen und schreiben. Erst mit Beginn der Schulpflicht im 19. Jh. wandelte sich das Privileg des Schreibenkönnens zum Zwang des Schreibenmüssens.

Inzwischen haben Telefon und Schreibmaschine den handgeschriebenen Brief, ja überhaupt die gut lesbare Handschrift, schon fast zu einer Seltenheit werden lassen. Mit dem Kugelschreiber in der Hand ist die Handschrift ganzer Schülergenerationen bis zur Unleserlichkeit verwildert. Was die ästhetische Erziehung unserer Jugend betrifft, so sind wir längst wieder Barbaren.

Schrift ist für viele nur noch ein Informationsmedium. Die Quantität hat das Empfinden für Qualität abgestumpft. Wir werden täglich mit zahllosen Schriften konfrontiert, die ein Wahrnehmen von Einzelheiten schon fast unmöglich machen.

Ist in einer solchen Zeit die Pflege der Handschrift überhaupt noch angebracht? Es gibt heute in Deutschland eine ganze Reihe von Kunsthochschulen, wo kein Student mehr eine Feder in die Hand nimmt. Schriftschreiben wird als mönchische Disziplin des Mittelalters abgetan.

Hans Fischli, der Direktor der Kunstgewerbeschule Zürich, bekannte im Jahre 1964 noch: »Der Unterricht im Schriftschreiben hat in der Ausbildung für alle Berufe der Gestaltung eine fundamentale Bedeutung. Begabte Schüler erfassen den Sinn und entdecken das Geheimnis der geschriebenen Letter. Das Schriftschreiben wird für sie zur Richtschnur; sie lernen den leeren Raum zwischen den Zeichen und Zeilen gleich wichtig zu nehmen wie die geschriebenen Formen. Sie lernen den Ablauf der Feder zu erlauschen und die Entwicklung der Schriftformen vom Kopf über den Arm in die Hand abzuleiten zum Seismographen der Feder. Der Schriftunterricht zeigt den Unterschied zwischen Ordnung und Chaos; er beweist die Wichtigkeit des kleinsten Details und führt ein in die Gesetze der Ordnung, die Grund sind zu jedem schöpferischen Tun, von der Architektur einer Kathedrale bis zum Inserat in der Tageszeitung. Die Welt wird immer schneller und lauter. Die Einkehr zum Stillen und Anonymen tut not. Um Großes leisten zu können, ist die Beherrschung des Kleinen und Kleinsten notwendig.«

Die Schrift, als Übersetzung unserer Sprache in graphische Zeichen, ist ein ganz wesentlicher Teil unserer Kultur. Das Verständnis für ihre Form muß gelernt und gepflegt werden. Es müßte doch zu denken geben, daß viele Jugendliche Schwierigkeiten haben, ein Buch aus den zwanziger Jahren zu lesen, nur weil es in Fraktur gesetzt ist. Ganze Teile unseres geistigen Erbes sind für sie damit nicht mehr zugänglich. Die Pflege des Schriftschreibens ist eine die Allgemeinheit tief berührende Angelegenheit.

Die Entstehung der europäischen Schrift

Es gibt vier große Kulturkreise mit einer bedeutenden Schriftkunst. Da ist einmal Ostasien mit China, Korea und Japan. Hier steht die Schrift an erster Stelle unter den Künsten und ist bis heute lebendig geblieben. Im hochindustrialisierten Japan lernen die Kinder in der Schule noch immer die hohe Kunst des Schreibens mit dem Pinsel. Außerdem gibt es den semitischen Schriftenkreis, zu ihm gehören die hebräische und arabische Schrift, und den indischen Schriftenkreis.

Das Wunderwerk der europäischen Schriftkunst ist das Alphabet mit seinen sechsundzwanzig Lautzeichen von A bis Z. In Japan müssen die Kinder mehrere tausend Schriftzeichen lernen, um lesen und schreiben zu können, weil sich dort die alte Bilderschrift noch immer teilweise erhalten hat. In der modernen japanischen Schriftkunst werden noch uralte chinesische Bildzeichen gemalt. Bilderschriften hatten die Eskimos, die Sumerer, die Kreter und die Maya. Am bekanntesten dürften jedoch die ägyptischen Hieroglyphen sein.

Vor fast 3000 Jahren, etwa im 9. Jh. v. Chr., entwickelte sich die Buchstabenschrift. Für jeden Einzellaut gab es nun ein eigenes Zeichen. Diese Leistung vollbrachten die Griechen. Sie

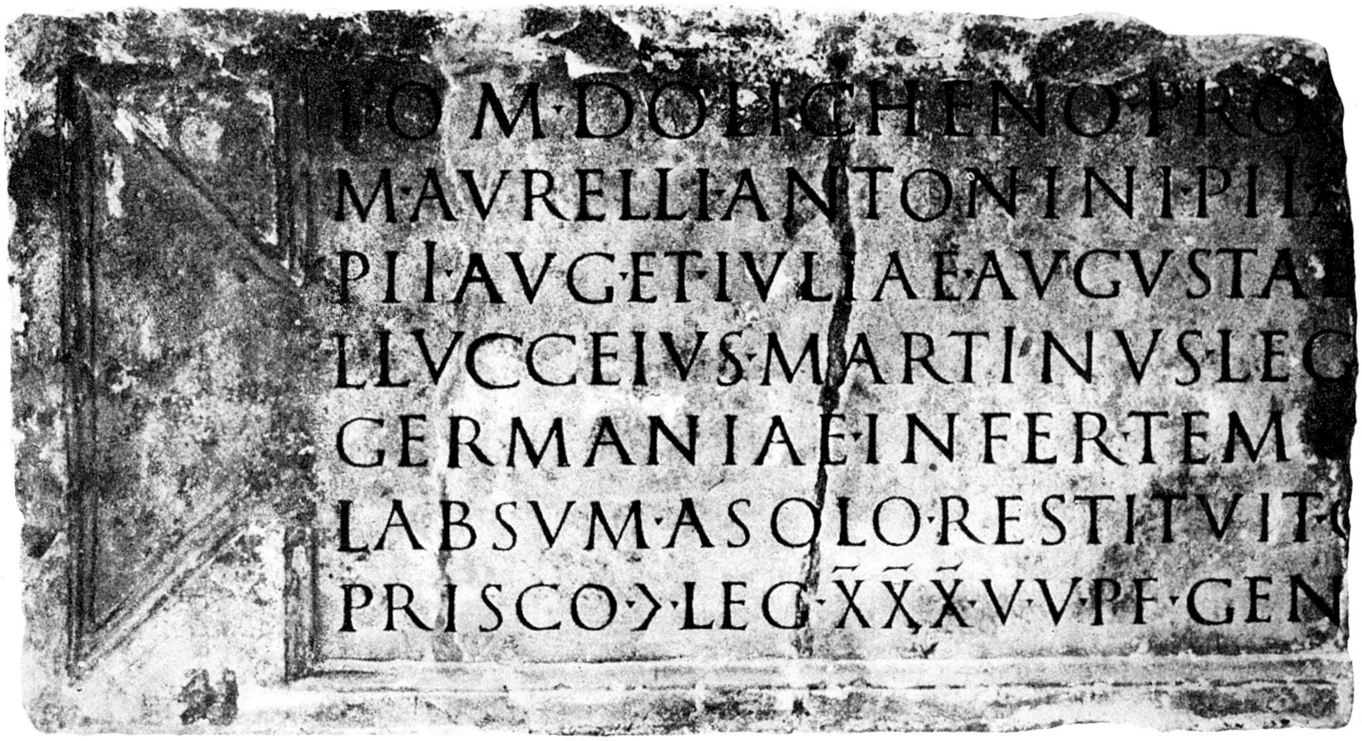

Capitalis quadrata. Diese römische Steininschrift entstand um 211 n. Chr. und zierte einst ein Bauwerk in Köln.

konnten allerdings zurückgreifen auf die phönizische Schrift, die zum westsemitischen Schriftenkreis gehörte und deren älteste Zeugnisse bis ins 13. Jh. v. Chr. zurückgehen.
Die Schriftzeichen wurden aus einfachen graphischen Elementen wie Längs- und Querlinien, Dreieck, Kreis und Bogen geschaffen.
Durch die weitläufigen Handelsbeziehungen der Griechen fand diese Schrift bald eine ausgedehnte Verbreitung im gesamten Mittelmeerraum und kam so auch nach Italien.
Es waren dann die Römer, die in der frühen Kaiserzeit an Triumphbögen, Säulen und Grabdenkmälern die Schriftzeichen in vollendet schöner Form in Stein gemeißelt haben. Jeder Schriftfreund bewundert die Proportionen und Maßverhältnisse dieser römischen Steininschriften, die bis heute das große Vorbild sind. Immer wieder pilgern Künstler nach Rom zur Trajanssäule, die zu Ehren des Kaisers Trajan im Jahre 113 errichtet wurde. Die Inschrift am Sockel zeigt unsere Schrift in monumentaler Schönheit. Ein unerschütterlicher Maßstab für bald 2000 Jahre europäische Schriftgeschichte.

Die Schrift der Griechen

Es ist ein recht reizvolles Unternehmen, dem Werden und Vergehen der Schriftformen nachzuspüren. Wie Architektur und Malerei unterliegt auch die Schrift einem ständigen Stilwandel. Es ist nicht nur eine Veränderung des Geschmacks und des Formempfindens in den verschiedenen Ländern und zu den verschiedenen Zeiten, es sind auch die unterschiedlichen Beschreibstoffe und Schreibwerkzeuge, die die Buchstabenformen ständig verändern. Schriftgeschichte ist ein lebendiges Zeugnis der Kultur- und Geistesgeschichte.
Die älteste griechische Inschrift, die uns überliefert ist, befindet sich auf einer großen Tonvase, die in Athen gefunden wurde und aus dem 8. Jh. v. Chr. stammt.
In eine schwarze Fläche wurden helle Schriftzeichen eingeritzt, die besagen, daß dem anmutigsten Tänzer diese Vase gehören soll. Der Text ist in der ältesten Form der Schriftanordnung, nämlich von rechts nach links, zu lesen. Auch aus griechischen Kolonien in Italien sind linksläufige Inschriften bekannt. Noch heute wird Arabisch und Hebräisch von rechts nach links geschrieben. Etwas davon haben wir in unserer Leseweise bewahrt. Die Zahlen, die wir von den Arabern übernommen haben,

lesen wir auf arabische Art von rechts nach links. Die Zahl 21 etwa lesen wir: einundzwanzig.
Bevor sich in Griechenland das Schreiben und Lesen von links nach rechts durchsetzte, tat man dies furchenwendig, d. h. man schrieb eine Zeile von links nach rechts, die nächste Zeile dann von rechts nach links. Es dauerte etwa bis ins 4. Jh. v. Chr., dann war die griechische Schrift in ihrer klassischen Form ausgebildet.
Zunächst kannte man nur Großbuchstaben, also die Kapitalis. Erst im 9. Jh. wurde eine Kleinbuchstabenschrift, die griechische Minuskel, entwickelt. Sie wurde zur Buchschrift der damaligen Zeit.
Die ältesten griechischen Schriftdokumente sind meistens in Stein gehauen. Schon bei diesen frühen Inschriften kann man erkennen, daß die einzelnen Buchstaben in sehr regelmäßigen Abständen in einer Zeile aufgereiht wurden. Bereits in dieser frühen Zeit also wurde mit bewußtem Formempfinden Schrift gestaltet.
Im antiken Griechenland gab es ein reges literarisches Leben. Am Anfang stehen die großen Epen Homers, die »Odyssee« und die »Ilias«. Auch von den Tragödien des Aischylos, Sophokles und Euripides ist uns manches Stück überliefert. Und über die geistreichen Komödien des Aristophanes aus dem 5. Jh. kann man auch heute noch schmunzeln. Neben der griechischen Literatur sind natürlich die Werke der großen Philosophen Grundlagen für die Geistesgeschichte Europas.
All diese Werke menschlichen Geistes wurden aufgeschrieben und sind uns so durch die Jahrtausende hindurch erhalten geblieben, obwohl die Griechen und Römer der Antike nicht ein einziges Stück Papier besaßen.

Frühe Beschreibstoffe

Papyrus

Der wichtigeste Beschreibstoff der Antike war der Papyrus. Die Papyrusstaude ist eine Sumpfpflanze, die vor allem im Nildelta und in Zentralafrika gedeiht. Mehrere Meter hoch wächst der Stengel, in dessen Innerem sich ein weiches, poröses Mark befindet. Dieses Mark schnitt man in lange, dünne Streifen und legte sie so nebeneinander, daß immer ein Streifen den Rand des vorhergehenden etwas bedeckte. Eine zweite Schicht von Papyrusmarkstreifen wurde dann quer über die erste gelegt und mit Steinen oder einem Holzhammer glattgeklopft. Der Saft der Pflanze genügte, um beide Lagen zu einem Blatt zu verkleben. Dieses Papyrusblatt wurde an der Sonne getrocknet, geglättet und fertig war es zum Beschreiben. Die Höhe eines solchen Blattes betrug zwischen 25 und 33 cm. Durch das Aneinanderkleben oder Zusammennähen mehrerer Blätter erhielt man die Papyrusrolle, die Buchform der Antike. Diese Rollen hatten eine Länge von etwa 10 Metern. Es gab auch wichtige Prachtrollen, die bis zu 30 Meter lang sein konnten. Aufgrund von Färbung, Feinheit und Haltbarkeit unterschied man sehr verschiedene Qualitäten.
Die Ägypter benutzten Papyrusrollen wahrscheinlich schon seit dem 4. Jahrtausend v. Chr.; überliefert sind uns Papyrusblätter, die aus dem 3. Jahrtausend v. Chr. stammen.
Für die Ägypter war der Export von Papyrus ein sehr lukratives Geschäft. Denn jahrhundertelang wurde alles auf Papyrus geschrieben, die Werke der Literatur und Philosophie ebenso wie Urkunden, Briefe, Rechnungen, Kauf-, Pacht- und Heiratsverträge, Testamente, Geburts- und Todesanzeigen. Beschrieben wurde der Papyrus mit dünnen Binsen, seit dem 3. Jh. v. Chr. auch mit einem zugespitzten Schreibrohr, mit dem man feinere Formen schreiben konnte. Die Schreibflüssigkeit bestand aus einer dunklen Rußtinte, deren Haltbarkeit wir heute bei den überlieferten Papyrusfragmenten nur bewundern können. Die Ägypter verwendeten schon eine rote Tinte, um damit besondere Zeilen hervorzuheben. Papyrus wurde stets einseitig beschrieben. Kolumne (Spalte) wurde neben Kolumne gesetzt.

Wachstafeln

Ein zweiter Schriftträger, der immer größere Bedeutung gewann, war die Wachstafel. Dazu hatte man das vertieft liegende Innenfeld einer Holztafel mit einem dunklen Wachs ausgefüllt. Als Schreibgerät diente ein spitzer Metallstift, mit dem die Buchstaben eingeritzt wurden. Überall, wo etwas schnell notiert und konzipiert werden mußte, benutzte man Wachstafeln. Eine sehr schnell geschriebene Schrift entwickelte hier ganz andere Formen als die mit Rohrfeder und Tinte auf Papyrus gemalte. Im Wachs konnten außerdem Schreibfehler leicht korrigiert werden. Dazu hatte der spitze Schreibstift an seinem anderen Ende eine breite Spachtelform, womit man das Wachs einfach wieder glättete. Diese Wachstafeln dienten auch der Briefübermittlung. Der Empfänger konnte die Antwort gleich auf der frisch geglätteten Wachsschicht einritzen. Umfangreichere Texte schrieb man auf mehrere Wachstafeln, die am Rande zwei kleine Löcher aufwiesen. Durch diese Löcher konnte ein Lederriemen gezogen werden, der eine ganze Reihe von Holztäfelchen zusammenhielt. Diese Urform unseres heutigen Buches bezeichnete man auch als Codex. Die Wachstafeln waren eine sehr praktische Erfindung, nicht nur im Schulunterricht fanden sie Verwendung, sondern ebenso bei Kaufleuten, Dichtern, Philosophen und Politikern. Darauf konnten schnell Gedanken und Idees festgehalten werden. Den ausgereiften Text, der für längere Zeit erhalten bleiben sollte, übertrug man dann auf Papyrusrollen. In den Bibliotheken von Rom, Athen, Pergamon und Alexandria lagen viele tausend Papyrusrollen. Fast alle sind verbrannt; nur wenige dieser Rollen aus der Antike sind uns erhalten geblieben. Was heute noch vorhanden ist, ist meistens durch den trockenen Wüstensand Ägyptens so gut konserviert worden.

Pergament

Etwa seit dem 3. Jh. v. Chr. kam, wahrscheinlich in Kleinasien, neben Papyrus das Pergament als Beschreibstoff auf. Diese besonders bearbeitete, geglättete und an der Sonne getrocknete Tierhaut läßt sich ganz vorzüglich beschreiben.

Das antike Pergamon, das eine der bedeutendsten Bibliotheken besaß und in Westanatolien lag, war wohl die Wiege des Pergaments.

Von hier aus trat die Technik der Pergamentherstellung ihren Siegeszug in die Welt an. Pergament fertigte man aus der Haut von Kalb, Schaf, Ziege und Esel. Dünn, geschmeidig und glatt wünschte man es sich, um gut darauf schreiben zu können. Oft versuchte man durch das Aufreiben von etwas Kreide ein möglichst helles Pergament zu bekommen. Für sehr kostbare Handschriften, besonders für Widmungsexemplare aus dem Umkreis der jeweiligen Herrscherhäuser, wurde das Pergament purpurn gefärbt und mit Goldtinte beschrieben.

Im 4. und 5. Jh. n. Chr. löste das wesentlich haltbarere Pergament den Papyrus endgültig ab und wurde zum wichtigsten Beschreibstoff des europäischen Mittelalters.

Die großen christlichen Handschriften der Spätantike sind vornehmlich auf Pergament geschrieben, nicht mehr auf Papyrus. Zwei berühmte griechische Bibelhandschriften des 4. Jh.s gehören dazu. Das Pergament war eine wesentliche Voraussetzung für die Entwicklung unseres heutigen Buches. Nun konnte ein Codex nämlich umfangreicher werden, und die Herstellungsweise mußte sich ändern.

Einige Blätter Pergament wurden jeweils in der Mitte gefalzt und zu einem Heft oder einer Lage zusammengelegt. Mehrere Lagen übereinander bildeten den Buchblock für einen Codex. Über den Rücken wurden Pergamentstreifen, Lederriemen, kräftige Schnüre oder später Leinenstreifen gelegt, an die die einzelnen Lagen mit einem Faden gebunden wurden. Ein kräftiger Holzdeckeleinband sollte den wertvollen Buchblock schützen.

Der große Vorteil dieser neuen Buchform liegt darin, daß der umfangreiche Text eines mehrhundertseitigen Buches an jeder beliebigen Stelle schnell zugänglich ist. Die Zugriffsmöglichkeit auf einzelne Textstellen, deren Seiten man sich durch Lesezeichen kennzeichnen kann, ist viel bequemer als bei den umständlichen Papyrusrollen, wo lange ab- und aufgerollt werden mußte, um bestimmte Textstellen zu finden.

Dies erleichterte beispielsweise die Bibellektüre der Christen ganz entscheidend. Aber auch juristische Texte waren in einem Codex einfacher und praktischer zu finden.

Über die Anfänge der griechischen Schreibschrift wissen wir nicht viel. Die ältesten Fragmente griechischer Papyrushandschriften aus dem 4. Jh. v. Chr. zeigen eine strenge Buchschrift, die den Steininschriften ähneln. Es ist eine reine Großbuchstabenschrift, die nach Schönheit und Gleichmaß der Formen strebt. Die Buchstaben kennen keine Ober- und Unterlängen, es ist eine Zweizeilenschrift. Fein säuberlich sind die einzelnen Buchstaben in regelmäßigen Abständen geschrieben; Ligaturen, das sind Buchstabenverbindungen, werden vermieden, runde Formen sind fast nicht zu sehen. Wie in den Inschriften stehen die Buchstaben ohne Wort- und Satztrennung.

Ganz anders sah natürlich die Gebrauchsschrift des Alltags aus, mit der Briefe, Urkunden, Konzepte und Notizen schnell hingeschrieben wurden. Die Kursive (von currere = laufen, eilen) verband mehrere Buchstaben miteinander, da der Stilus oder die Rohrfeder nicht nach jedem Buchstaben absetzte, sondern eilig von einem zum anderen überging. So erkennt man bereits aus der Schriftform der überlieferten Papyrusfragmente den literarischen Wert des Dokuments. Durch Jahrhunderte hindurch schrieb man bedeutende Texte in einer strengen Buchschrift, deren Schriftkolumnen ein Bild hoher ästhetischer Qualität zeigen. So sind die frühen griechischen Bibelhandschriften aus dem 3. und 4. Jh. Meisterwerke der Kalligraphie, die die Schönheit und Klarheit der griechischen Schrift in reinster Form bezeugen.

Griechische Schreiber, wahrscheinlich in Ägypten, schufen mit griechischen Bibeln einige kalligraphische Kunstwerke von höchstem Rang, die heute in den Bibliotheken von London und Rom als ein ganz besonderer Schatz gehütet werden.

Eine fast tausendjährige griechische Schrifttradition kulminiert in diesen Handschriften, die das Buch der Bücher beinhalten.

Die Schrift der Römer

Im Jahre 168 v. Chr. gelangte der griechische Politiker und Geschichtsschreiber Polybios als Geisel nach Rom.
Er kam ins Haus der Scipionen, eine der ersten römischen Patrizierfamilien, in der schon längst griechische Lehrer die Kinder unterrichteten und griechische Papyrusrollen zur Hausbibliothek gehörten. Es gelang Polybios, Einblick in das römische Staatswesen zu erlangen. Dieses Wissen schlägt sich in seiner römischen Geschichte der Jahre 266–144 v. Chr. nieder. Die griechische Sprache, griechische Literatur und Kunst wurde von den Römern bewundert und als Zeichen der Bildung aufgenommen. Der alte konservative Cato wetterte gegen diese Überfremdung und sah darin eine große Gefahr für die altrömischen Tugenden. Ja, er brüstete sich geradezu damit, kein Griechisch zu können. Seine Schrift über den »Landbau« aus der Zeit um 200 v. Chr. steht am Anfang lateinischer Prosa.

Capitalis quadrata

Im 2. Jh. v. Chr. begann sich eine eigenständige römische Literatur zu entwickeln. Im letzten Jh. v. Chr. erlangte die lateinische Dichtung mit Horaz und Vergil Weltgeltung. Prachthandschriften mit Texten von Vergil sind uns erst aus dem 4. und 5. Jh. erhalten. Wie bei den griechischen Handschriften finden wir hier eine reine Großbuchstabenschrift, Majuskeln ohne Ober- und Unterlängen, die zwischen zwei unsichtbaren Zeilen stehen. Ohne besonderen Raum zwischen den Worten folgt in regelmäßig klaren Abständen Buchstabe auf Buchstabe. Diese erste ausgereifte lateinische Buchschrift ist die sogenannte Capitalis quadrata. Ihr großes Vorbild war der monumentale Stil der Steininschriften aus der frühen Kaiserzeit. Hier wurden vor zweitausend Jahren von römischen Steinmetzen die

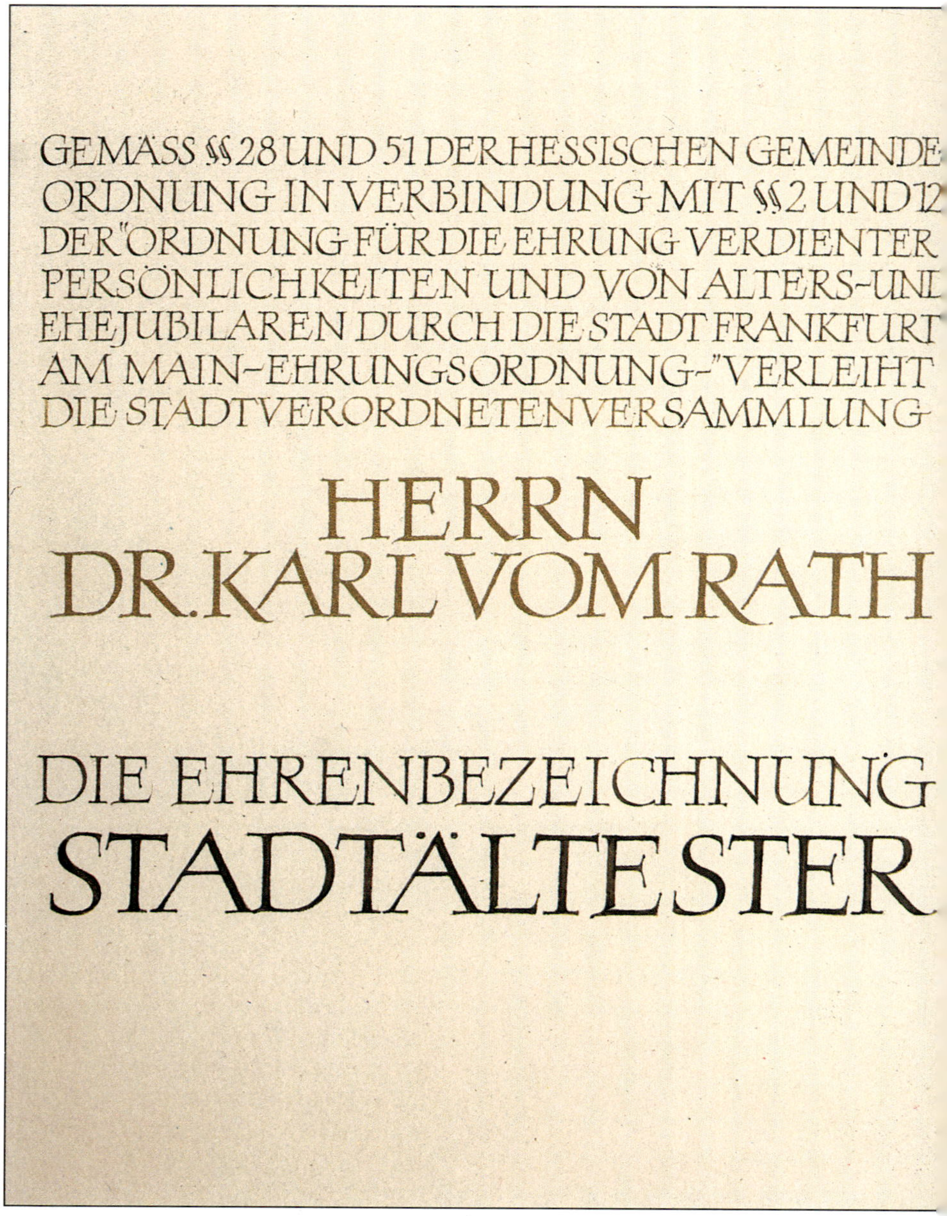

Capitalis. Diese Urkunde ist ein Beispiel dafür, daß diese Schrift auch in unserer Zeit noch Verwendung findet. Geschrieben von Christine Hartmann 1985.

Großbuchstaben unseres Alphabets in vollendeter Form in Marmor gehauen. Die Blüte des römischen Staatswesens und der römischen Kultur manifestiert sich in diesen Inschriften. Bis heute sind uns die Maßverhältnisse dieser Buchstaben lebendiges Vorbild.

Capitalis rustica

Neben der strengen, feierlichen Buchschrift kannte auch die römische Antike andere Schriftformen. Wesentlich häufiger schrieb man wohl die Capitalis rustica, wie sie auf den Papyrusrollen zu sehen ist, die in Herculaneum ausgegraben wurden. Das ist zwar auch eine Großbuchstabenschrift, die aber wohl schneller geschrieben werden konnte. Einige Buchstaben sind recht schmal, die Querstriche mit einem kleinen Tintenstrich nur angedeutet. Der Quer-

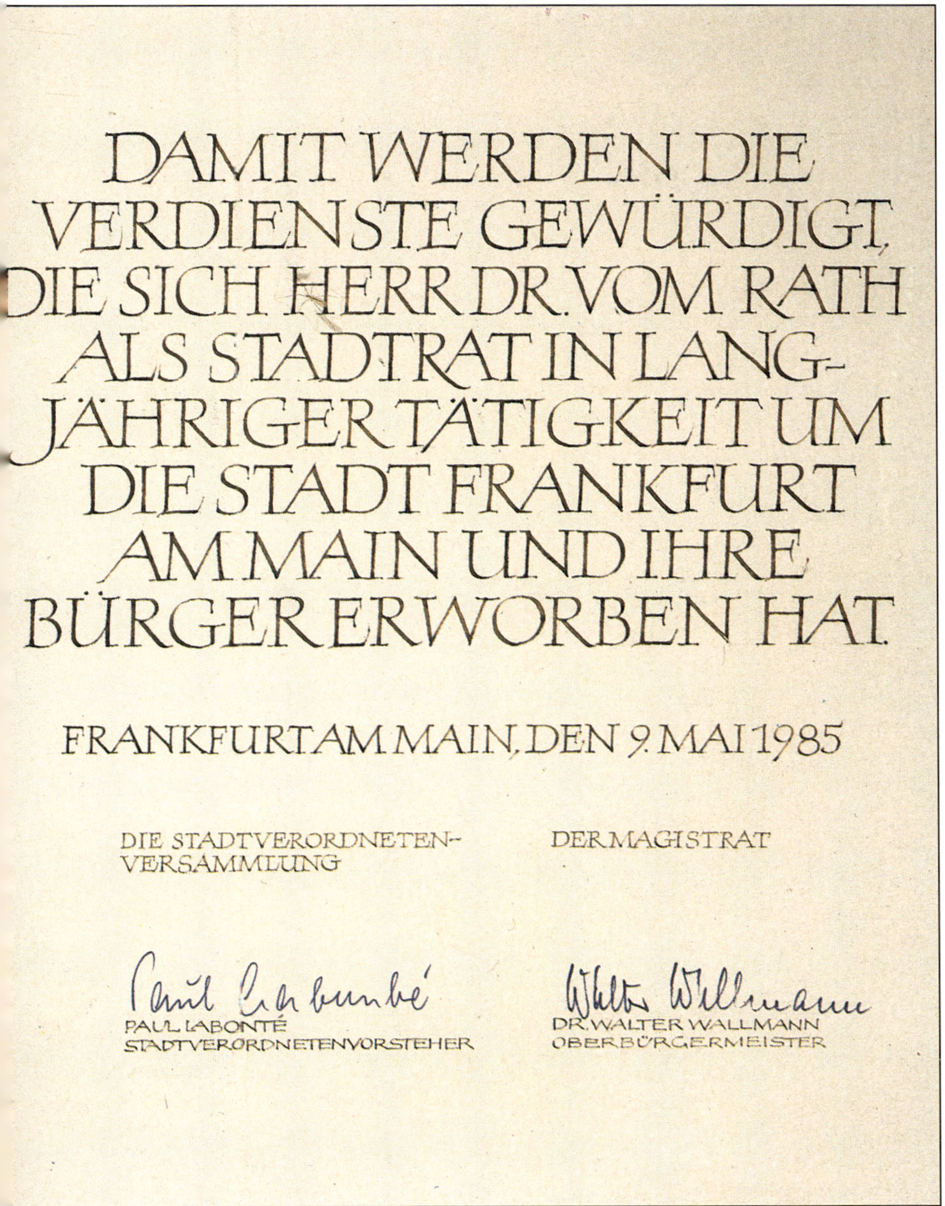
DAMIT WERDEN DIE VERDIENSTE GEWÜRDIGT, DIE SICH HERR DR. VOM RATH ALS STADTRAT IN LANGJÄHRIGER TÄTIGKEIT UM DIE STADT FRANKFURT AM MAIN UND IHRE BÜRGER ERWORBEN HAT.

FRANKFURT AM MAIN, DEN 9. MAI 1985

DIE STADTVERORDNETENVERSAMMLUNG

DER MAGISTRAT

PAUL LABONTÉ
STADTVERORDNETENVORSTEHER

DR. WALTER WALLMANN
OBERBÜRGERMEISTER

strich beim A fällt einfach weg. Aber immer mehr machen sich Rundungen geltend. Die Capitalis rustica (von rustica = ländlich, bäurisch, volkstümlich) resultiert aus der Notwendigkeit eines schnelleren Schreibens.

Römische Kursive

Mit dem Pinsel auf Mauern geschriebene Texte zeigen eine temperamentvolle römische Kursive, die auch sehr persönliche Ausformungen durch die verschiedenen Schreiber erlebte. Im 3. Jh. sind die Ober- und Unterlängen der Buchstaben so ausgeprägt, daß man seitdem von einer Vierzeilenschrift sprechen kann. Diese jüngere römische Kursive ist praktisch eine Minuskelkursive, also eine schnell geschriebene Kleinbuchstabenschrift. Der Sekretär und Biograph Ciceros, Marcus Tullius Tiro, erfand sogar eine römische Kurzschrift, um Reden und Gespräche besser mitschreiben zu können.

So waren am Ende der Republik die verschiedensten Schreibformen ausgebildet, von der klassischen Form der Capitalis über verschiedene Kursivschriften, bis hin zur Stenographie von Tiro, dessen System Seneca noch ausbaute.

Der römische Dichter Horaz (65–8 v. Chr.) rühmte sich, daß seine Gedichte nicht nur in Rom, sondern auch an den Küsten des Schwarzen Meeres, an den Ufern der Rhône und des Ebro gelesen wurden. Im gesamten Mittelmeerraum gab es damals ein gebildetes und lesefreudiges Publikum. Ein intensiver Handel in allen Teilen des Römischen Reiches verbreitete die literarische Produktion der Weltstadt Rom. Und das, obwohl die Römer kein technisches Hilfsmittel kannten, um Texte zu vervielfältigen. Die gesamten literarischen Werke der Römer wurden von Schreibern immer wieder abgeschrieben. Da alle Papyrusrollen handgeschrieben sind, ist ihre Qualität, was Schriftform und textliche Richtigkeit betrifft, sehr unterschiedlich. Es wimmelte damals schon von unzuverlässigen und verwilderten Abschriften. Philologen und Korrektoren mußten ständig darum bemüht sein, die richtige Textform zu ermitteln. Autorenexemplare wurden wie Gold geschätzt und nur ungern ausgeliehen. Waren erst einmal die Werke eines Schriftstellers durch Abschriften im Freundeskreis bekannt, so nahm sich oft ein Verleger der weiteren Verbreitung an. Dann mußten Lohnschreiber arbeiten, die nach Menge, also nach Anzahl der geschriebenen Zeilen bezahlt wurden. Wahrscheinlich las einer den Text langsam vor und mehrere schrieben das Gehörte nach.

Für Sklaven und Freigelassene bot sich im Vervielfältigen von Texten eine gute Verdienstmöglichkeit.

Bei den Preisen für die Papyrusrollen unterschied man sehr genau nach Güteklassen der Schrift. Die Gestaltung der Schriftkolumne auf der Papyrusfläche, die Form der Buchstaben, ihre regelmäßige Anordnung in der Zeile, das gleichmäßige Schriftbild in der ganzen Rolle, all dies wußte man zu schätzen und war bereit, dafür zu bezahlen. Das Gleichmaß der schönen Buchschriften

hob sich deutlich von den Geschäftsschriften ab.
Die riesigen Sammlungen antiker Handschriften in den Bibliotheken von Rom, Pergamon oder Alexandria sind alle vernichtet. Nichts ist uns an Originalen aus diesen Beständen erhalten. Daß wir heute trotzdem so viele Texte aus dem antiken Griechenland und dem römischen Weltreich lesen können, verdanken wir nur dem Umstand, daß die Texte ständig wieder abgeschrieben wurden. Viele Schriften von Philosophen, Juristen und Medizinern sind uns einzig über die Araber und die Abschriften in Byzanz überliefert. Als im Jahre 1453 die Türken Konstantinopel eroberten, flüchteten zahlreiche Griechen nach Italien; ihre mitgebrachten Bücherschätze waren eine wichtige Quelle für den Humanismus der Renaissance. Im Hause des venezianischen Druckers Aldus Manutius wurde Griechisch gesprochen. Die griechischen und römischen Klassikerausgaben aus diesem Druckhaus in Venedig, Aldinen genannt, waren begehrte Bücher an Europas Universitäten.
Als das römische Weltreich sich auflöste, erhielt es im Osten in Byzanz ein neues politisches und kulturelles Zentrum mit umfassenden Bibliotheken; hier wuchs ein starker Erbe Roms heran. Die mittelalterliche Schreibkultur des christlichen Abendlandes wurde von den Mönchen in den stillen Schreibstuben der Klöster gepflegt. An der Nahtstelle von Antike und Mittelalter steht der Römer Cassiodor, der um 540 in Süditalien das Kloster Vivarium gründete. Eine wichtige Tätigkeit der dortigen Mönche war das Schreiben.
Cassiodor gab seinen Schreibmönchen genaue Anweisungen für das Abschreiben der Bibel, theologischer Texte und profaner antiker Autoren. Er schulte sie in Fragen der Textkritik und Rechtschreibung und besprach mit ihnen die Fragen der Schrift. Die Tätigkeit des Schreibens wurde dem Gottesdienst, dem Beten gleichgestellt. Cassiodor verfaßte einen Hymnus auf das Abschreiben von Büchern. Eine gute Bibliothek war ihm die beste Waffe gegen den Satan. Was Cassiodor hier gegen Ende der Antike mit seinen Schreibmönchen praktizierte, war von grundlegender Bedeutung für das Abendland. Seine Gedanken wirkten im Benediktinerorden noch über tausend Jahre weiter.

Unziale

Im 3. Jh. n. Chr. entwickelte sich eine neue Buchschrift, in der nun die kostbaren Bibeln geschrieben wurden, die Unziale. Das Neue gegenüber der strengen Capitalis ist eine Tendenz zu Rundungen, die besonders bei den Buchstaben A, D, F, G, H, M, Q und U zu beobachten ist. Auch die Unziale ist eine reine Großbuchstabenschrift, die prachtvolle Handschriften mit einem mustergültig ausgeglichenen Schriftbild ermöglichte. Aus der Übergangszeit von Antike und Mittelalter sind mehrere hundert Pergamentkodizes überliefert. Die Christen hatten bei der Niederschrift ihrer Bücher eine Vorliebe für die Unziale. Wie die Capitalis quadrata die klassische Schrift für die klassische Literatur der römischen Antike war, so wurde nun vom 3. bis zum 8. Jh. die Unziale die Schrift der frühchristlichen Literatur.

Halbunziale

Für die weitere Entwicklung der lateinischen Schrift war die Halbunziale von entscheidendem Einfluß. Mit ihr erscheinen Minuskelformen, also Kleinbuchstaben, im Unzialalphabet. Durch Ober- und Unterlängen stellte sich die Halbunziale als richtige Vierzeilenschrift dar. Zusammen mit der römischen Kursive bildete sie den Ausgang für die vielen regionalen Ausformungen der vorkarolingischen Schriften. Berühmt wurden die kostbaren Handschriften aus irischen und englischen Klöstern, geschrieben in der markanten irischen Halbunziale, ausgeschmückt mit prachtvollen Buchmalereien. Irische Mönche kamen im 6. und 7. Jh. als Missionare in das Gebiet des heutigen Deutschlands. Ihre Bücher beeinflußten den Schriftstil in den Klöstern von Echternach, Fulda, St. Gallen, der Reichenau, Regensburg und Mainz. Hier ist noch bis ins 11. Jh. der Einfluß von Irland und England zu erkennen.
Als das römische Imperium in zahlreiche politische Interessengebiete zerfiel, stilisierten sich im Laufe der Jahrhunderte eine ganze Reihe regionaler Schriftformen heraus: So gab es in Spanien eine westgotische Minuskel mit einer ganz eigen geprägten Buchschrift, in Gallien eine merowingische Buchschrift, die sich aber von der gleichzeitig vorhandenen Urkundenschrift unterschied. Auf italienischem Boden schrieb man neben der konservativen päpstlichen Kanzleischrift sehr verschiedene Misch- und Übergangsformen der Halbunziale und Kursive, am markantesten ist die süditalienische beneventanische Schrift mit dicken, gedrungenen Buchstabenformen.
Die unruhigen Jahrhunderte nach der Auflösung des Römischen Reiches waren zu Ende, als sich Karl der Große zu Weihnachten im Jahre 800 in Rom zum Kaiser krönen ließ und ganz bewußt an die Tradition der römischen Cäsaren anknüpfte. Sein Fränkisches Reich war aber ein Imperium Christianum, das die Einheit des Abendlandes durch die eine christliche Kirche dokumentierte. Eine einheitliche Kirchenverwaltung verhalf zu einem ersten stabilen Staatswesen im christlichen Europa. Die neue innere Ordnung schuf sowohl eine staatlich-politische Mitte wie auch eine kulturell-geistige. Bedeutende Persönlichkeiten versammelte der Kaiser an seinem Hof in Aachen, Männer der christlichen Kirche, die aber auch Kenner und Verehrer der antiken Literatur waren. Und ebenso ließ Karl die Dichtungen der germanischen Stämme sammeln und aufzeichnen.

Unziale. Eine Seite aus dem Drogo-Sakramentar, das um 845 entstanden ist. Drogo, ein Sohn Karls des Großen, war Bischof in Metz.

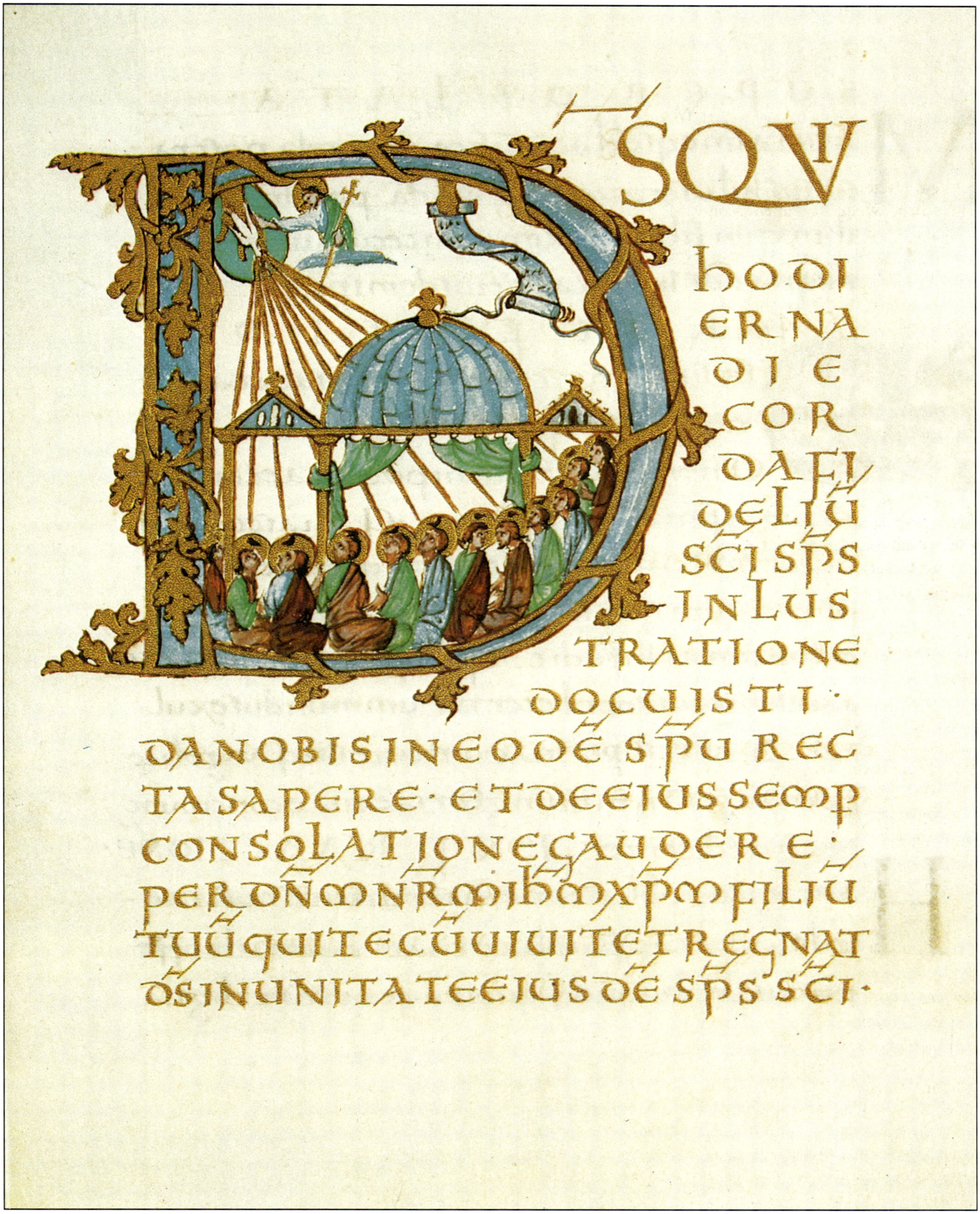
DS QUI
hodi
ERNA
DIE
COR
DAFI
DELIU
SCISPS
INLUS
TRATIONE
DOCUISTI·
DANOBISINEODE SPU REC
TASAPERE· ETDEEIUSSEMP
CONSOLATIONEGAUDERE·
PERDNMNRMIHMXPMFILIU
TUUQUITECUUIUITETREGNAT
DSINUNITATEEIUSDE SPS SCI·

Karolingische Minuskel

Die karolingische Minuskel wurde die Schrift des abendländischen Mittelalters vom 9. bis zum 12. Jh. In Frankreich, Deutschland, in der Schweiz, in Oberitalien, etwas später auch in Süditalien, Spanien und England schrieb man sie. Eine gut lesbare Minuskel, also eine Kleinbuchstabenschrift, mit einem einheitlichen Schriftcharakter war damit geschaffen. Es gab keine Ligaturen und Abkürzungen mehr, die klar voneinander getrennten Buchstaben, die deutlich abgesetzten Worte und der meist große Zwischenraum zwischen den Zeilen erzielte den Gesamteindruck von Weite und Helligkeit. Der harmonische Ausgleich von Geraden und Rundungen im Schriftduktus förderte die Lesbarkeit der Schrift. Der Weg von der Halbunziale der Spätantike mit ersten Formen von Kleinbuchstaben bis zur ausgereiften Minuskel der Karolingerzeit war weit und reich an Abschweifungen.

Als Auszeichnungsschrift zur besonderen Hervorhebung von Buchanfängen und Kapitelüberschriften benutzte man die alte römische Capitalis rustica und die Unziale. Prachtvoll illuminierte, also mit Buchmalereien versehene Handschriften entstanden an der Hofschule Kaiser Karls und in vielen anderen geistigen Zentren der Kirche mit gut geschulten Schreibern. Die gesamte Schriftkultur des europäischen Mittelalters lag in Händen der Mönche. Der strengen Zucht in den einzelnen Skriptorien der Klöster von Fulda und Lorsch, St. Gallen und Salzburg, Freising und Köln, Tours und St. Benis bei Paris verdanken wir die bescheidene Eleganz der karolingischen Minuskel. Die frühe karolingische Zeit war bis ins 9. Jh. hinein recht schreibfreudig und beweist mit ihren vielen Pergamentkodizes eine hohe Buchkultur. Natürlich entwickelten sich im Laufe der Jahrhunderte in den einzelnen Klöstern regionale und lokale Eigentümlichkeiten. Der versierte Kenner mittelalterlicher Handschriften weiß sehr genau die Schreiborte zu unterscheiden. Die la-

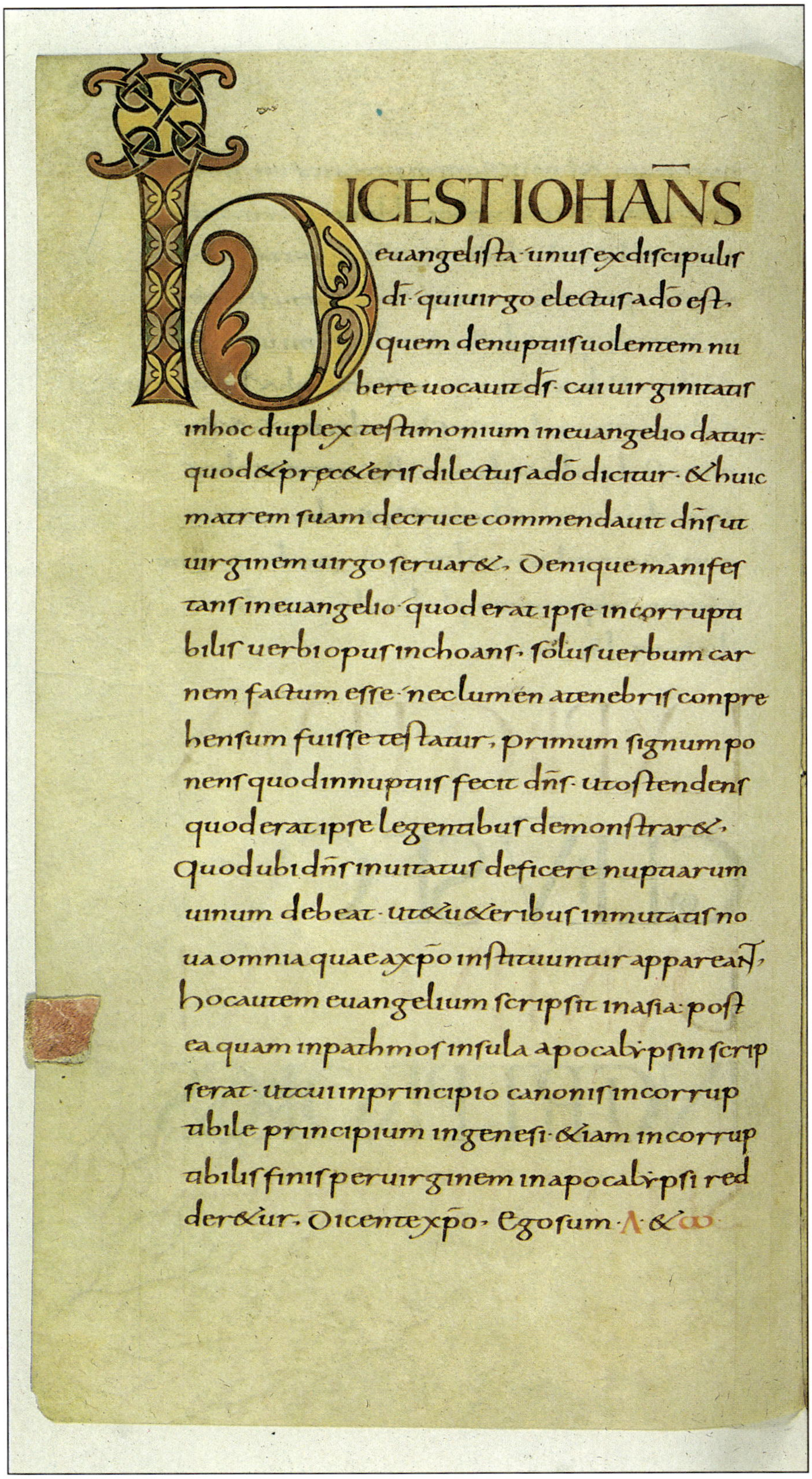
HICEST IOHANS
euangelista unus ex discipulis
di qui uirgo electus a do est
quem de nuptiis uolentem nu
bere uocauit ds. cui uirginitatis
in hoc duplex testimonium in euangelio datur.
quod et pre ceteris dilectus a do dicitur. et huic
matrem suam de cruce commendauit dns ut
uirginem uirgo seruaret. Denique manifes
tans in euangelio quod erat ipse incorrupti
bilis uerbi opus inchoans. solus uerbum car
nem factum esse nec lumen a tenebris conpre
hensum fuisse testatur. primum signum po
nens quod in nuptiis fecit dns. ut ostendens
quod erat ipse legentibus demonstraret.
quod ubi dns inuitatur deficere nuptiarum
uinum debeat. ut et ueteribus inmutatis no
ua omnia quae a xpo instituuntur appareant.
hoc autem euangelium scripsit in asia. post
ea quam in pathmos insula apocalypsin scrip
serat. ut cui in principio canonis incorrup
tibile principium in genesi. et iam incorrup
tibilis finis per uirginem in apocalypsi red
deretur. dicente xpo. Ego sum A et ω

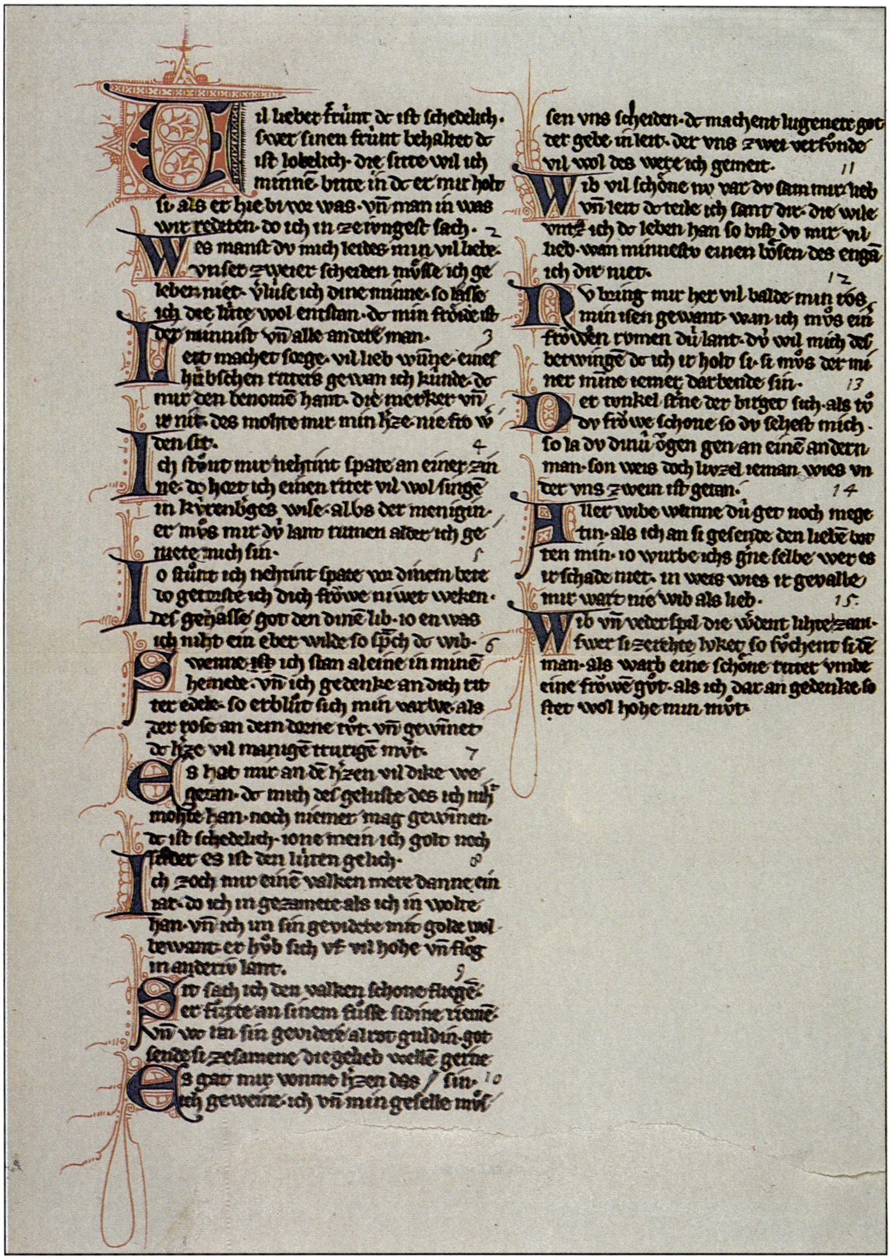

Karolingische Minuskel.
Diese Seite eines Evangeliars
stammt aus dem Kloster Weißenburg
im Elsaß. Geschrieben wurde
dieses Werk in der ersten Hälfte
des 9. Jahrhunderts.

Gotische Minuskel. Anfang des
14. Jahrhunderts entstand die Große
Heidelberger Liederhandschrift,
die rund 140 Gedichtsammlungen
enthält, so auch etwa 450 Strophen
von Walther von der Vogelweide.

teinische Schriftkultur des Mittelalters ruhte fest im kirchlich-klösterlichen Bereich, dadurch konnte recht lange der Charakter der karolingischen Minuskel bewahrt werden. So zeigt sich erst im 11. und 12. Jh. die Tendenz, die Schrift mehr hoch als breit zu schreiben. Die Buchstaben rücken näher zusammen, das Schriftbild wird schmaler. Die Anfänge des gotischen Formempfindens machen sich bemerkbar.

Die gotischen Schriften

In der Baukunst ist im 12. Jh. der Beginn des Wandels vom romanischen Rundbogen zum gotischen Spitzbogen zu beobachten. Die kühnen Konstruktionen der gotischen Kathedralen mit ihren hoch aufragenden Strebepfeilern und Diensten sowie spitz zulaufenden Bögen drücken eine ganz neue Glaubenshaltung aus.
Im Spätmittelalter heißt das Prinzip der Schriftkunst Brechung. Ab dem 12. Jh. werden die Rundungen immer häufiger mit Brechungen geschrieben. Das Erscheinen der schmalen und spitzen Formen der gotischen Architektur verändert auch die karolingische Minuskel. Im 13. Jh. setzt sich die Brechung der Buchstaben durch.

Gotische Minuskel

Die gotische Minuskel hat ihren Ursprung ebenso wie der gotische Baustil in Nordfrankreich. Wie in der Architektur dominiert nun auch in der Schrift mehr und mehr die Vertikale. Die Buchstaben rücken immer näher zusammen, die feinen An- und Abstriche an Kopf und Fuß der Buchstaben berühren sich jetzt oft. Das dichte schwarze Schriftbild einer gotischen Minuskelseite aus dem 14. Jh. erinnert an ein ganz regelmäßig gearbeitetes textiles Gewebe; so verwundert es nicht, daß die ganz streng geschriebene gotische Buchschrift auch Textura genannt wird.

TEXTURA

Die Mönche zauberten mit der fein säuberlich zugeschnittenen Vogelfeder ein bewundernswertes Filigranwerk auf das Pergament. Auch die Großbuchstaben haben durch zahlreiche Brechungen einen gotischen Charakter bekommen und damit die Capitalis und Unziale endgültig verdrängt. Ein geschlossenes Schriftbild finden wir in den spätmittelalterlichen gotischen Handschriften. Im regelmäßigen Nebeneinander der senkrechten Striche von m, n und i ist oft die Lesbarheit erschwert; um das i kenntlich zu machen, setzte man einen Strich über diesen Buchstaben, aus dem sich dann unser I-Punkt entwickelt hat.

Die prachtvollste Anwendung der Textura haben wir in den großen Missalhandschriften; aus diesen großformatigen Meßbüchern sang in der Kirche der ganze Chor. Die einzelnen Sänger mußten aus einiger Entfernung die Noten und den Text lesen können, die deshalb außergewöhnlich groß geschrieben wurden. Die Missalschrift ist die monumentalste Form der gotischen Buchschrift.

Die gotische Schrift erreichte im 15. Jh. mit der Textura ihren Höhepunkt. Kein Wunder also, daß sich Gutenberg diese Schrift zum Vorbild nahm für seine ersten in Blei gegossenen Lettern. Das gedruckte Buch sollte nämlich einer Handschrift so ähnlich wie möglich sein.

Auch die berühmte Gutenbergbibel ist aus dieser Textura gesetzt.

Mit dem Buchdruck setzte nun auch eine Stilgeschichte der Druckschriften ein, die parallel zur geschriebenen Schrift verläuft; zahlreiche Wechselbeziehungen zwischen beiden sind zu beobachten. Immer wieder sind es namhafte Schreiber, die die Vorlagen für neue Druckschriften liefern.

Ein großer Formenreichtum breitet sich vor uns aus, wenn wir neben den stilisierten Buchschriften die Gebrauchs-, die Geschäftsschriften, überhaupt die Schriften des Alltags damals betrachten. Die schnell geschriebene

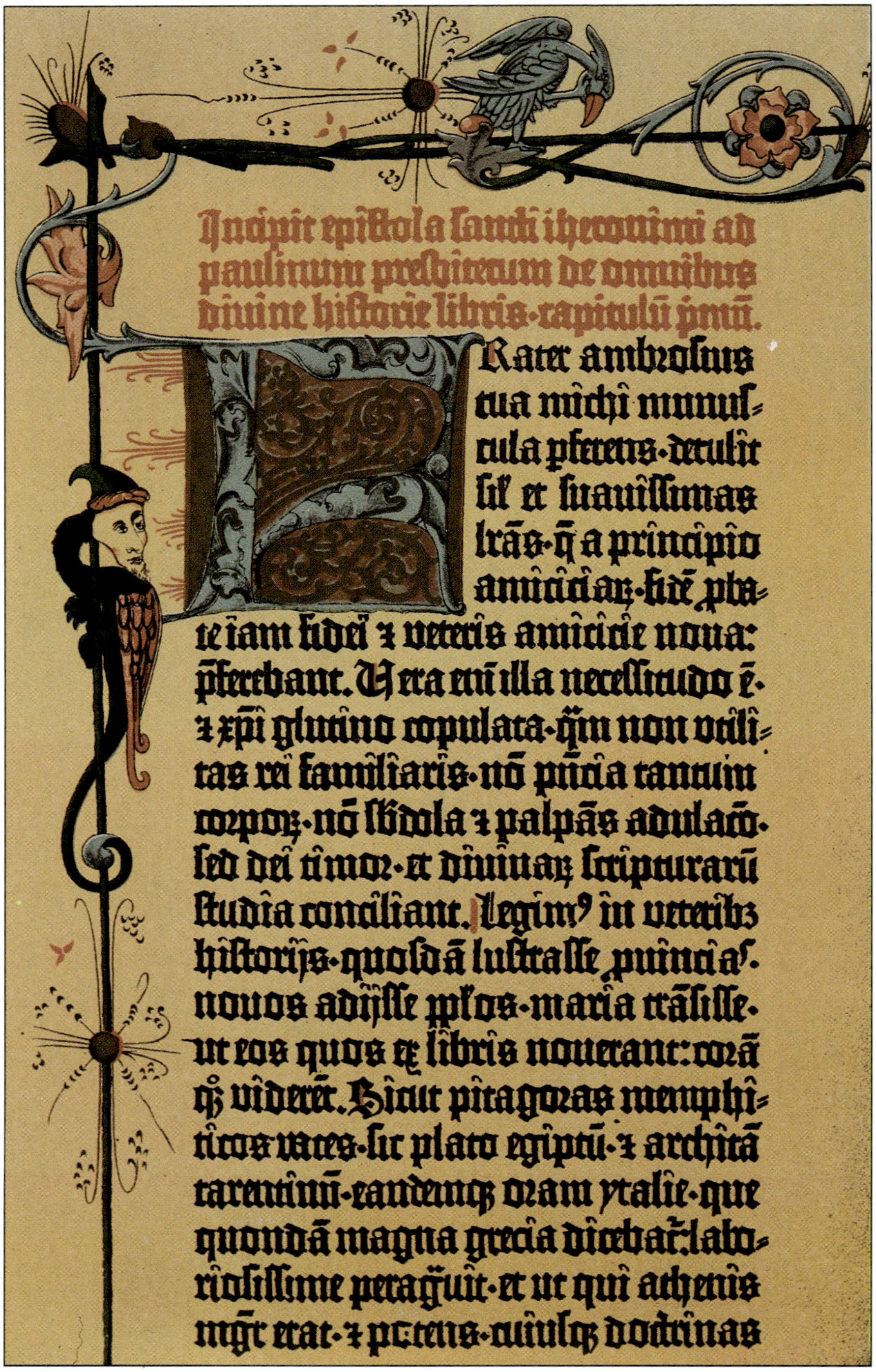
Incipit epistola sancti iheronimi ad
paulinum presbiterum de omnibus
divine historie libris. capitulū primū.
Frater ambrosius
tua michi munus-
cula pferens. detulit
sil et suavissimas
lrās. q̄ a principio
amicicias. fide p̄ba-
te iam fidei et veteris amicicie nova:
pferebant. Vera enī illa necessitudo ē.
et xpi glutino copulata. q̄m non utili-
tas rei familiaris. nō p̄ńcia tantum
corpor. nō subdola et palpās adulacō.
sed dei timor. et divinar scripturarū
studia conciliant. Legim⁹ in veteribz
historijs. quosdā lustrasse puincias.
novos adijsse pplos. maria trāsisse.
ut eos quos ex libris noverant: corā
q̄z viderēt. Sicut pitagoras memphi-
ticos vates. sic plato egiptū. et architā
tarentinū. eandemq̄ oram ytalie. que
quondā magna grecia dicebat: labo-
riosissime peragiūt. et ut qui athenis
mgr erat. et ptens. cuiusq̄ doctrinas

Textura. Ausschnitt aus einer reich verzierten Seite aus der berühmten Gutenberg-Bibel. Gedruckt wurde sie in Mainz zwischen 1450 und 1455.

gotische Kursive nannte man damals schon Notula (von notare = kurz aufzeichnen, notieren). Seit Ende des 12. Jh. gibt es mehr und mehr kursive Elemente. Die Kleinbuchstaben werden wie in der modernen Schreibschrift, der Kurrentschrift, direkt verbunden. Die Oberlängen von b, d, h und l und die Unterlänge von g erhalten eine Schlinge, oft sehr temperamentvoll und mit Schwung. Flüchtig geschriebene Texte sind nur schwer zu lesen. Mischformen von reiner Kursiven und Textura bezeichnet man mit dem Sammelbegriff Bastarda. Hierzu gibt es aus Italien, Frankreich, Deutschland die unterschiedlichsten Ausformungen. Im 15. Jh. wurde an den Höfen Burgunds, Flanderns und Frankreichs eine gute, kräftige, regelmäßige, ausdrucksstarke und sehr lebendig wirkende Bastarda in vielen Chroniken, Stundenbüchern, höfischen Romanen und Lyriksammlungen geschrieben. Zwischen 1504 und 1515 schrieb Hans Ried, Zöllner am Eisack in Tirol, auf Wunsch des Kaisers Maximilian das »Ambraser Heldenbuch«, eine Sammlung von vielen alten deutschen Dichtungen. Es ist eine große Pergamenthandschrift mit 486 Seiten. Die Schönheit der Schrift macht dem Zollschreiber alle Ehre. In einer eleganten Kanzleikursive ist das umfangreiche Werk ganz gleichmäßig geschrieben.

Die Kursivschrift eines Zollbeamten war ebenso hoffähig wie Bastardaschriften an den Höfen von Burgund und Frankreich. Die Kunst des Schreibens hatte sich emanzipiert. Sie war herausgetreten aus der kleinen, streng behüteten Welt der Klöster, in denen allein jahrhundertelang, von der Spätantike bis ins Hochmittelalter, das Schreiben gepflegt wurde.

Seit dem Spätmittelalter wurde mehr und schneller geschrieben, dies veränderte den Duktus der Schrift. Dem größeren Schreibbedürfnis kam ein neuer Beschreibstoff entgegen, das Papier. Die schönen, kostbaren Handschriften aus den Schreibstuben der Mönche sind alle noch auf wertvollem Pergament geschrieben.

Beschreibstoff Papier

Die Papierherstellung erfunden haben die Chinesen und zwar schon im 1. Jh. n. Chr. Das älteste gefundene Dokument stammt aus dem Jahre 98. Es dauerte dann über tausend Jahre, bis auch in Europa Papier hergestellt werden konnte. Mitte des 13. Jh.s entstand in Fabriano, Italien, die erste Papiermühle. Die erste Papiermühle in Deutschland ist seit 1390 bei Nürnberg nachweisbar.

Die päpstliche Kanzlei in Rom schrieb seit dem 14. Jh. ihre Urkunden auf Papier. Im konservativen England mußten bis in die Mitte unseres Jahrhunderts alle Gesetzestexte auf Pergament geschrieben werden.

Für die Geschäftsleute in den Städten, für Professoren und Studenten an den überall in Europa gegründeten Universitäten war das Papier ein willkommener preiswerter Beschreibstoff. Schreiben war inzwischen längst kein Privileg der Mönche mehr. An den Universitäten, in Geschäftszimmern und Kanzleien der Fürsten und Städte wurde viel und schnell geschrieben. Gotische Kursivschriften kündigten das Ende der mittelalterlichen Schreibkunst an. Die Schreibfeder wurde den Mönchen von Vertretern ganz anderer sozialer Schichten aus der Hand genommen.

In den Städten boten in zunehmendem Maße Lohnschreiber ihre Dienste an. Im Spätmittelalter waren es sogar Äbte reicher Klöster, die fremden Schreibern Aufträge gaben. Schrieben die Mönche im Mittelalter ihre umfangreichen Handschriften noch zur Ehre und zum Lobe Gottes, wie sie in den Schlußschriften der Bücher vermerkten, so waren die Wünsche der Schreiber späterer Zeiten viel handfester. Der eine wünschte sich ein gutes Glas Wein, ein anderer einen schönen Rock und wieder andere äußerten den Wunsch, daß der Auftraggeber für die mühsame Arbeit mit der Feder dem Schreiber »puella pulchra«, ein schönes Mädchen, geben möge.

So weit hatte man sich also von den Regeln des Benediktinerordens entfernt. Schreiben in den stillen klösterlichen Schreibstuben war Dienst für Gott, Dienst für Christus und Maria. Über die Arbeit der Lohnschreiber im Spätmittelalter wurde viel geklagt, da die Abschriften oft voller Fehler waren, ja es war nicht selten, daß ganze Absätze fehlten. Der Schreiber wollte eben schnell fertig werden und seinen Lohn haben. Namhafte Autoren bemängelten damals oft die Abschriften ihrer Werke, die durch die Willkür der Schreiber so entstellt seien, daß sie sie kaum noch als ihre eigenen Arbeiten erkennen würden.

Die italienischen Humanisten des 15. Jh.s sahen in der gotischen Architektur und in den gotischen Schriften einen Gegensatz zu den klaren, runden, ausgewogenen Formen der klassischen Antike. Die spitzen, gebrochenen, engen und verschnörkelten Formen der Barbaren, der Germanen, der Goten im Norden, die einst aus den dunklen Wäldern nördlich der Alpen heranrückten und die blühende Kultur des römischen Weltreiches zerstörten, lehnte man ab. Das Formenempfinden der Italiener machte sich schon in der Schrift der Mönche des 13. und 14. Jh.s bemerkbar. Sie schrieben eine gotische Buchschrift, Rotunda genannt, die die starken Brechungen abschwächte und die Tendenz zur Rundung wieder sichtbar machte. In den wohlhabenden Städten Norditaliens blühte eine neue Gelehrsamkeit auf. Eine Rückbesinnung auf die Kultur der Antike, die Wiedergeburt, Renaissance, griechischer und römischer Ideale erfüllte die Bewegung des Humanismus. Auch in der Schriftgeschichte kam das zum Ausdruck. Die italienischen Humanisten suchten seit dem frühen 15. Jh. nach alten Handschriften antiker Autoren. Sie fanden in den Klosterbibliotheken die Pergamenthandschriften aus dem 8. und 9. Jh. in der schönen, klaren karolingischen Minuskel und hielten diese für die originalen Bücher der Römer. Man schrieb die Texte wieder ab und kopierte auch den Schriftstil. Die karolingische Minuskel wurde von Schreibern des 15. Jh.s oft täuschend ähnlich nachgeahmt. Die karolingische Schrift, die man für die römische hielt, bekam deshalb die Bezeichnung »lettera antiqua«, die alte Schrift. Diese Humanisten-Minuskel des 15. Jhs. wurde nun in Italien die Schrift der neuen Zeit, der Renaissance. Durch die schnelle Verbreitung humanistischer Studien nach Paris, Oxford, Leiden und vielen anderen Universitätsstädten Europas verdrängte die Antiqua die mittelalterlichen gotischen Formen.

ANTIQUA

Mit den Kleinbuchstaben der karolingischen Schrift und den Großbuchstaben der Capitalis quadrata aus der römischen Kaiserzeit glaubte man nun, die klassische Schrift der Antike beieinander zu haben. So entstand in der Renaissance die noch heute vorherrschende Antiqua als Vereinigung von karolingischen Minuskeln und römischen Versalien. Man benutzte die Versalien nicht nur als Initialen, sondern zunehmend bei Satz- und Versanfängen sowie bei Eigennamen. So finden wir in den Handschriften der Humanisten die Anfänge unserer heutigen Schreibweise. Eine genormte Rechtschreibung beschert uns Konrad Duden erst im späten 19. Jh.
Geschäftstüchtige italienische Buchhändler ließen im 15. und 16. Jh. viele prachtvolle Handschriften herstellen, die zu beliebten Sammelobjekten wurden. Vespasiano da Bisticci, der in Florenz und Rom eine stattliche Anzahl von versierten Schreibern und tüchtigen Buchmalern beschäftigte, belieferte auch die Bibliothek der Medici, verkaufte Handschriften an den König von Neapel und beschaffte die schönsten Renaissancehandschriften der Sammlung des Ungarnkönigs Matthias Cor-

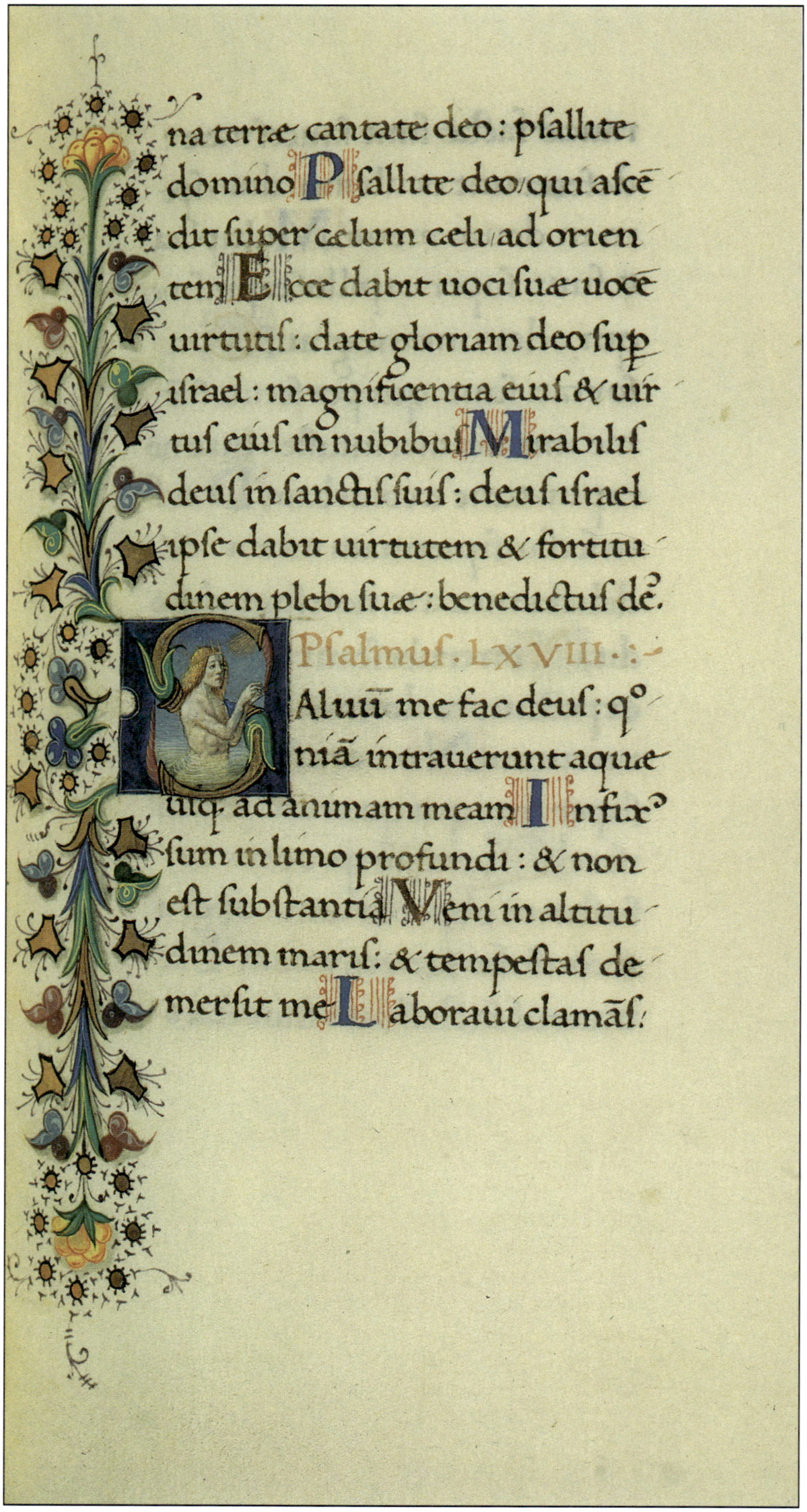
na terrae cantate deo : psallite
domino P sallite deo qui asce
dit super celum celi ad orien
tem E cce dabit uoci sue uoce
uirtutis : date gloriam deo sup
israel : magnificentia eius & uir
tus eius in nubibus M irabilis
deus in sanctis suis : deus israel
ipse dabit uirtutem & fortitu
dinem plebi sue : benedictus de.
Psalmus . LXVIII . :
Aluum me fac deus : q°
niã intrauerunt aque
usq ad animam meam I nfix°
sum in limo profundi : & non
est substantia V eni in altitu
dinem maris : & tempestas de
mersit me L aboraui clamãs.

Humanistische Minuskel. Aus dem Gebetbuch der Königin Beatrix, Gemahlin des Ungarnkönigs Matthias Corvinus. Eine italienische Handschrift aus der zweiten Hälfte des 15. Jahrhunderts.

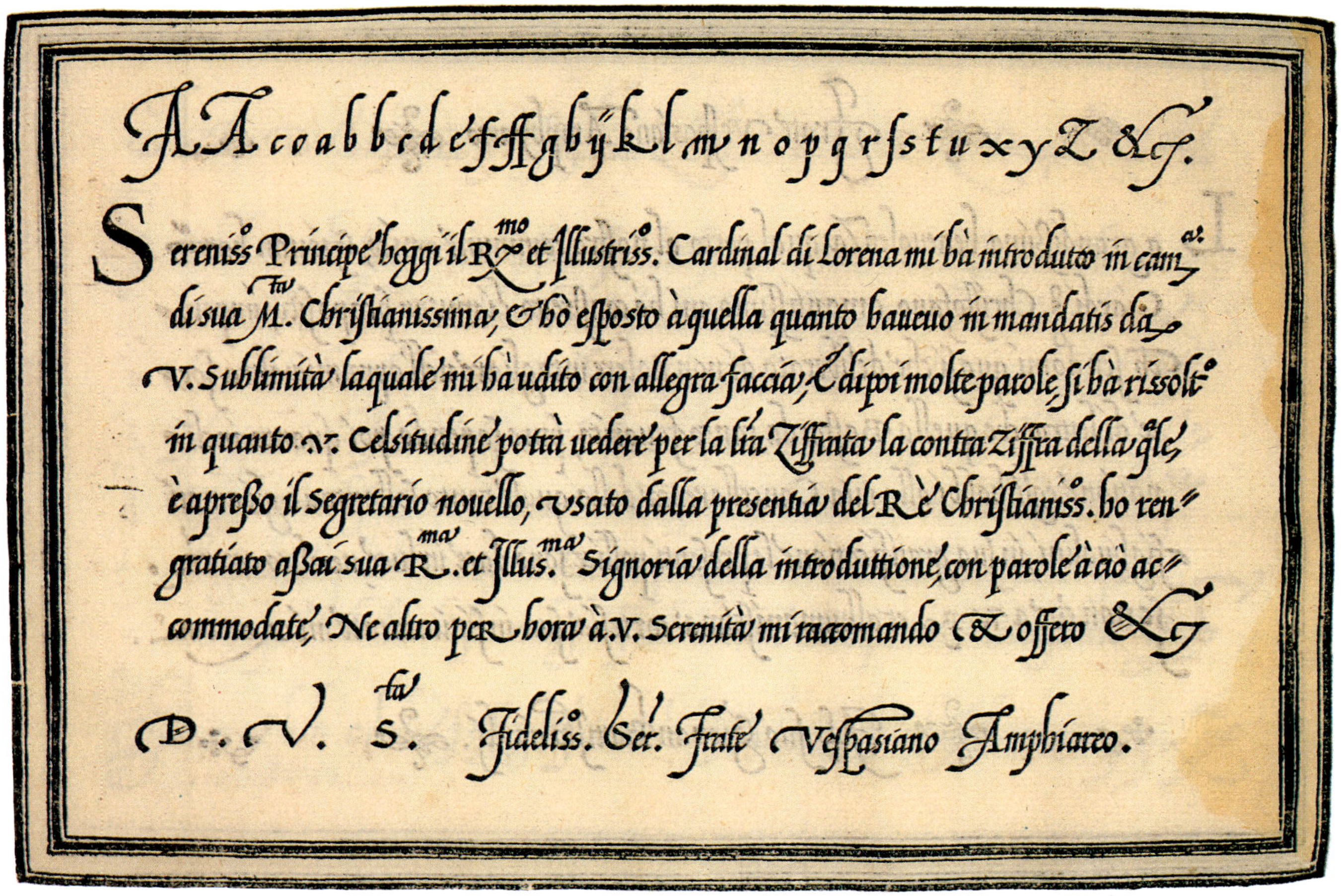
Sereniss. Principe hoggi il R.mo et Illustriss. Cardinal di Lorena mi ha introdutto in cam.a
di sua M.tà Christianissima, & ho esposto à quella quanto haueuo in mandatis da
V. Sublimità laquale mi ha udito con allegra faccia, & dipoi molte parole si ha rissolto
in quanto V. Celsitudine potrà uedere per la sua Ziffrata la contra Ziffra della q.le
è apreßo il Segretario nouello, usato dalla presentia del Re Christianiss. ho ren-
gratiato aßai sua R.ma et Illus.ma Signoria della introduttione, con parole à ciò ac-
commodate. Ne altro per hora à V. Serenità mi raccomando & offero &c.
D. V. S.tà Fideliss. Ser. Frate Vespasiano Amphiareo.

Humanistische Kursive. Eine Seite aus dem italienischen Schreibmeisterbuch »Opera di Frate Vespasiano Amphiareo da Ferrara«. Im Jahre 1580 wurde es in Venedig gedruckt.

vinus. Dessen Bibliothek (die Corvina) beherbergte viele hochgerühmte humanistische Handschriften mit den Texten griechischer und römischer Autoren. Von Italien aus verbreitete sich ein richtiges Handschriftenfieber in Gelehrtenkreisen. In alten Klosterbibliotheken mit Beständen aus der karolingischen Renaissance fand man die Werke vieler römischer Klassiker. Italienische Humanisten unternahmen weite Bibliotheksreisen nach Deutschland, Frankreich und Holland und suchten in den alten Benediktinerklöstern nach Handschriften ihrer antiken Lieblingsautoren. Die »Germania« des Tacitus fand man im Kloster von Bad Hersfeld. Die deutschen Humanisten bedauerten es später sehr, daß man diese wichtige Handschrift nach Italien weggegeben hatte.

So vernarrt wie man in die literarischen Werke der Römer war, so leidenschaftlich schrieb man auch die Antiqua. Als Buchschrift bildete sich neben der geradestehenden Humanisten-Minuskel auch bald eine leicht schrägstehende Humanisten-Kursive. Eine Art Verkehrsschrift, die aber von einigen Schreibmeistern, besonders in Briefen, so gepflegt, so kultiviert wurde, daß sie als künstlerische Handschrift auch im Buch akzeptiert wurde. Der Venetianer Aldus Manutius, der berühmteste Drucker und Verleger Italiens in der Renaissance, benutzte ab 1500 in seinen kleinformatigen Klassikerausgaben für den akademischen Unterricht an den Universitäten die Kursive sogar als Druckschrift. Ganz Europa wurde mit diesen beliebten Drucken, Aldinen genannt, beliefert. So erfuhr die Humanisten-Kursive mit Hilfe des Buchdrucks weiteste Verbreitung. Für die Schriftkunst des 20. Jh.s, besonders im angelsächsischen Raum, bildet diese etwas schwungvoll geschriebene Kursive eine wichtige Grundlage. Noch heute nennt man diese Schrift im Englischen »Italic«. Meister dieser Schrift sind in der zweiten Hälfte des 20. Jh.s Alfred Fairbank in London und Paul Standard in New York. Doch schon Shakespeare spottet in seinem Drama »Was Ihr wollt« über die modische Schrift aus Italien. Ihm war der »süße römische Stil« zu geschmäcklerisch, er schrieb lieber eine kernige Kursive gotischer Herkunft.

Schwabacher

Als in Italien Bücher in edelsten Antiqua-Schriften gedruckt wurden, war in Deutschland die Schöpferkraft für gotische Formen noch nicht erloschen. Eine typisch deutsche Schrift des späten 15. Jh.s ist die Schwabacher, in der noch bis in die erste Hälfte des 16. Jh.s die deutschen Druckwerke der Reformation entstanden. Das Nebeneinander von runden und spitzen Formen bei der Schwabacher markiert den Übergang von der Gotik zur Renaissance. Gotische Bastardaschriften sind die Herkunft der Schwabacher; für den Buchdruck entstand eine kräftige, breite, charaktervolle Schrift mit einer Reihe markanter Großbuchstaben, den Versalien. Die Druckschriften und Bücher der Reformation und aus der Zeit des Bauernkriegs erhielten durch die Schwabacher ihr unverwechselbares typographisches Gesicht. Im späten 19. Jh. wurde die Schwabacher als typisch altdeutsche Schrift neu gegossen, sie findet bis heute ihre Freunde. Nach dem Kriege erschien 1949 der köstliche Roman »Die Powenzbande« von Ernst Penzoldt wieder. Diese »Zoologie einer Familie«, wie der Roman im Untertitel heißt, wurde damals in der Schwabacher gesetzt. Und diese Schrift paßt ausgezeichnet zu der humorigen, ironischen Geschichte, die in einer kleinen, sehr deutschen Provinzstadt spielt.

Fraktur

Es war aber eine andere Schrift, die am Ende der Gotik entstand und dann in Deutschland durch die Jahrhunderte bis in die jüngste Zeit die Setzkästen der Druckereien füllte. Sie prägte das Schriftbild eines großen Teils unserer Literatur – die Fraktur.
In ihrem Namen ist noch das gotische Prinzip der Brechung zu erkennen. Charakteristisch bei dieser Schrift sind die sogenannten Elefantenrüssel der Großbuchstaben; diese Schmuckelemente kommen von Schreibern in böhmischen Kanzleien. Die Kleinbuchstaben werden enger und höher geschrieben als bei der Schwabacher. Ausgeprägte Ober- und Unterlängen ergeben ein eindrucksvolles Schriftbild; typisch sind die oben gespaltenen Schäfte beim b, h, k, l. Es entsteht der Eindruck, als ob man damals geradezu nach Möglichkeiten suchte, um kleine dekorative Elemente anzubringen. So ist es nicht verwunderlich, daß diese Schrift besonders während des Barocks sehr beliebt war, denn ihr ist ein stark dynamisch-graphisches Element zu eigen.
Die Anfänge der Fraktur liegen in der Zeit des Kaisers Maximilian I., der den Buchdruck für seine bibliophilen Interessen einsetzte. Der Hofbuchdrucker Schönsperger druckte im Jahre 1513 das »Gebetbuch« für den Kaiser und 1517 den höfischen Abenteuerroman »Theuerdank«. Die speziell für diese kaiserlichen Bücher geschaffenen Drucktypen sind Frühformen der Fraktur. Die Vorlagen zu diesen Schriften kamen aus der kaiserlichen Kanzlei. In Nürnberg tauchte im frühen 16. Jh. eine Fraktur auf, die nach Vorlagen des berühmten Schreibmeisters Johann Neudörffer gegossen wurde; 1525 druckte man in dieser Schrift Dürers theoretische Schriften. Bis zum Ende des 16. Jh.s hatte die Fraktur die Schwabacher überflügelt. Im 17. und 18. Jh. wurden immer wieder neue Varianten von Frakturschriften geschaffen, bis Gegner der Fraktur für die klare Antiqua plädierten.

Eine strittige Frage: Antiqua oder Fraktur?

Anhänger des Klassizismus empfanden die Fraktur als nicht zeitgemäß, als altmodisch. Auch Goethe in Weimar wechselte mit seiner Mutter in Frankfurt 1794 einige Briefe, in denen sie das immer wieder heiß diskutierte Thema »Fraktur oder Antiqua« ansprachen. Am 15. Juni 1794 schreibt Frau Rath Goethe an ihren Sohn: »Froh bin ich über allen Ausdruck, daß deine Schriften alte und neue nicht mit den mir so fatalen Lateinischen Lettern das Licht der Welt erblickt haben – beim Römischen Carneval da mags noch hingehen – aber sonst im übrigen bitte ich dich bleibe deutsch auch in den Buchstaben...«. Die Fraktur wurde als die deutsche Schrift empfunden. Nachdem im Barock besonders die Großbuchstaben durch viele Schnörkel und Schmucklinien immer unlesbarer wurden, erlebte die Fraktur im Zuge des Klassizismus Erneuerungsversuche, die klarere Formen anstrebten. Der Berliner Drucker und Verleger Johann Friedrich Unger setzte sich nach 1790 entschieden für die Fraktur ein und brachte einige neue Schnitte heraus. Diese Unger-Fraktur wurde auch im 20. Jh. wieder viel gebraucht; ein großer Teil der deutschen belletristischen Literatur vor dem II. Weltkrieg ist in der Unger-Fraktur gesetzt. Hermann Hesse liebte diese Schrift für seine Romane und Erzählungen über alles. Auch noch nach dem II. Weltkrieg setzte man Hesses Bücher in Deutschland in der Fraktur, bis man eines Tages

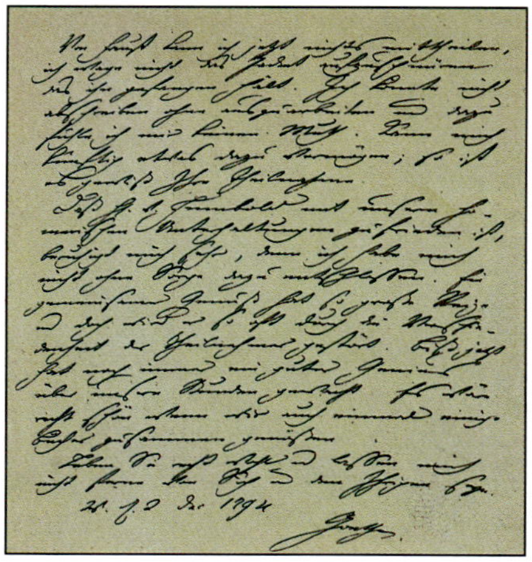

Handschrift von Johann Wolfgang von Goethe (1749–1832). Brief von 1794 an Friedrich von Schiller.

merkte, daß die junge Generation, die einen großen Teil der Leserschaft Hesses bildet, zunehmend Schwierigkeiten mit dieser Schrift hatte. Im Frühjahr 1958 diskutierten der Verleger Peter Suhrkamp und Hermann Hesse dieses leidige Kapitel, bis Hesse schließlich zustimmte, seine Bücher in Antiqua setzen zu lassen.

Während des Nationalsozialismus lehnte man die Antiqua als undeutsch, ja fremdartig ab. Akzeptiert wurden nur noch gotische und Frakturschriften. Bis dann plötzlich ein grotesker Sinneswandel einsetzte und ab 1941 erklärt wurde, daß die »Schwabacher Judenlettern« nicht mehr benutzt werden dürften und die Antiqua nun Normschrift sei.

Es ist ein interessantes Phänomen der europäischen Schriftgeschichte, daß sich in Deutschland das gotische Element der Brechung mit der Fraktur bis weit ins 20. Jh. gehalten hat. In Frankreich, England und den Niederlanden verlor die gebrochene gotische Schrift mit der Ausbreitung des Humanismus ihre Bedeutung. Auch in Deutschland wurden seit dem 15. Jh. alle lateinischen Texte in der Antiqua gesetzt. Die Fraktur benutzte man für die Manuskripte in deutscher Sprache. Wir können in Deutschland also eine Zweischriftigkeit durch die Jahrhunderte hindurch beobachten. Es ist ein reizvolles Unternehmen, durch unsere Städte zu gehen und zu schauen, wo in der Beschriftung von Geschäften und Restaurants gebrochene Schriften eingesetzt werden. Auch die Etiketten auf Weinflaschen sind aufschlußreich, denn die psychologische Wirkung der Schrift wird von den Werbefachleuten sehr bewußt eingesetzt.

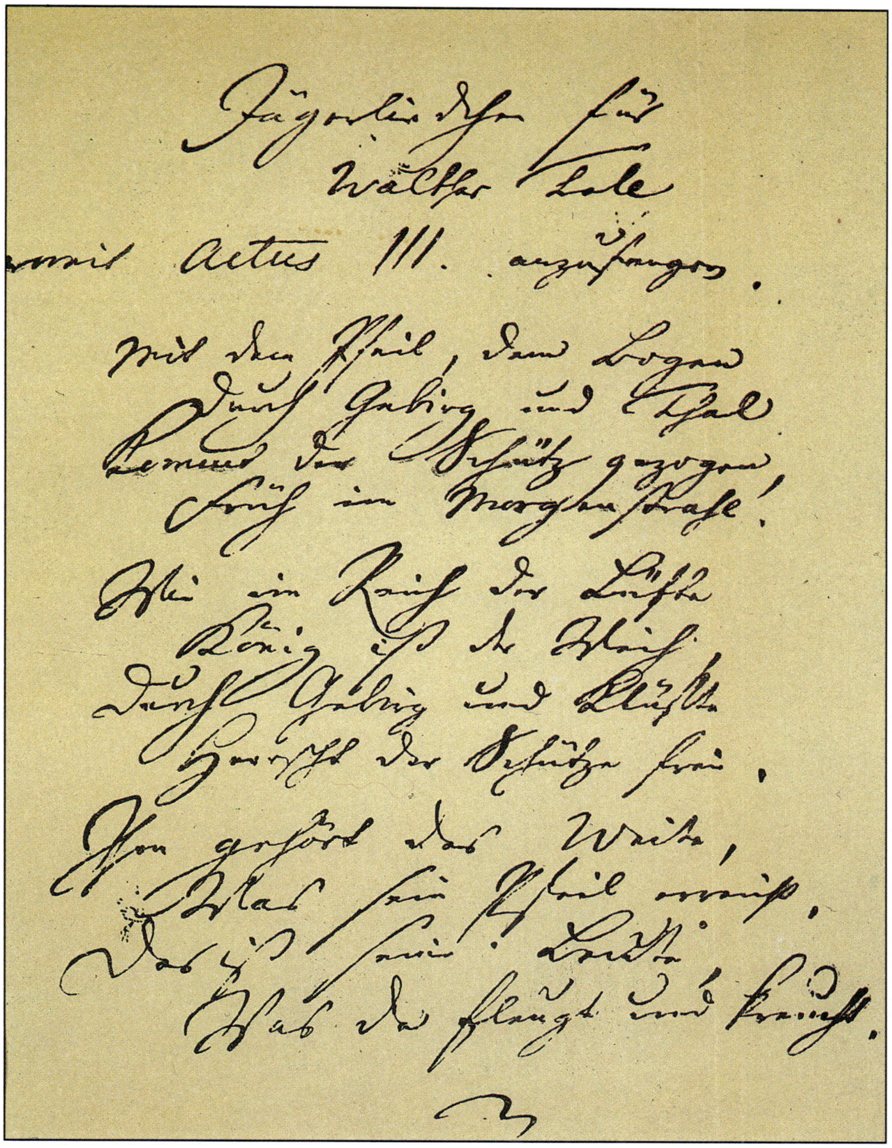
Jägerliedchen für
Walther Tell
[w]omit Actus III. anzufangen.

Mit dem Pfeil, dem Bogen
Durch Gebirg und Thal
Kommt der Schütz gezogen
Früh im Morgenstrahl!

Wie im Reich der Lüfte
König ist der Weih,
Durch Gebirg und Klüfte
Herrscht der Schütze frei.

Ihm gehört das Weite,
Was sein Pfeil erreicht,
Das ist seine Beute,
Was da fleugt und kreucht.

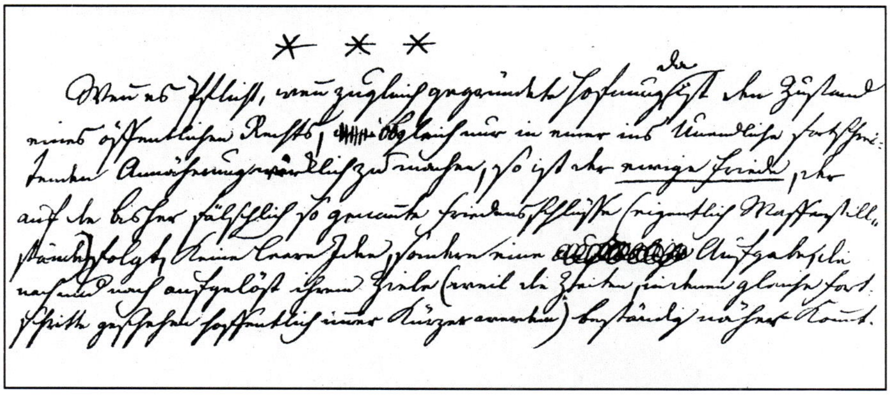

Oben: Handschrift von Friedrich von Schiller (1759–1805). Das »Jägerliedchen für Walther Tell«. Unten: Handschrift von Immanuel Kant (1724–1804). Ein Auszug »Vom ewigen Frieden«.

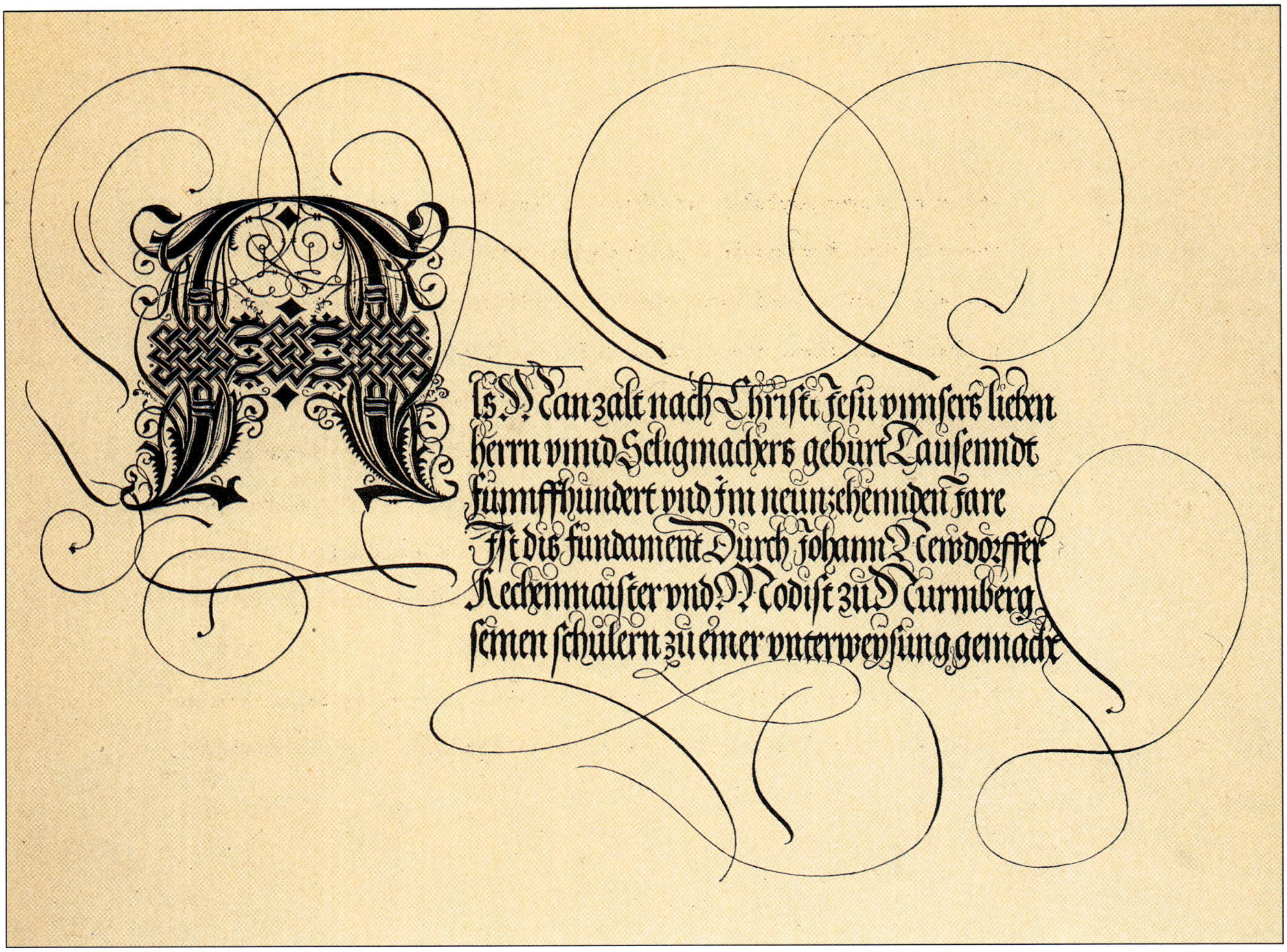
Als Man zalt nach Christi Jesu vnnsers lieben
herrn vnnd Seligmachers geburt Tausenndt
funnffhundert vnd im neunzehennden Jare
Ist dis fundament Durch Johann Newdörffer
Rechenmaister vnd Modist zu Nurmberg
seinen schülern zu einer vnterweysung gemacht

Fraktur. Seite aus einem alten Schreibmeisterbuch von 1519. Geschrieben hat sie Johann Neudörffer, Schreib- und Rechenmeister in Nürnberg.

Neue Aufgaben der Handschrift

Mit der Erfindung des Buchdrucks in der Mitte des 15. Jh.s wurde den Mönchen endgültig die Schreibfeder aus der Hand genommen. Waren es bisher die Vertreter des geistlichen Standes, die in demütiger Haltung mit der fein säuberlich zugeschnittenen Vogelfeder umfangreiche Pergamentkodizes schrieben, so vervielfältigte man nun mit der Presse und Bleibuchstaben die Texte wesentlich schneller.

Man kam jetzt also schneller und preiswerter zu mehr Exemplaren, die auch von einer größeren Leserschaft gefragt waren. Dennoch blieb noch viel zu tun für denjenigen, der gut schreiben konnte. Berufsschreiber fanden in Städten mit einem reichen Bürgertum viel Arbeit in den Kanzleien der Verwaltung und der Notare. Schreiblehrer hatten seit dem Spätmittelalter ohnehin ein weites Betätigungsfeld. Neben den Buchdruckern fand der Stand der Schreib- und Rechenmeister durchaus sein Auskommen, und ihm verdanken wir auch eine vielbewunderte Schreibkultur bis ins 19. Jh. hinein. Künstlerisch geschriebene Urkunden, Wappen- und Lehensbriefe des 16., 17. und 18. Jh.s können wir heute in Ausstellungen bestaunen.

Ausgehend von den Humanisten des 15. Jh.s bis hinein ins 20. Jh. ist das Bemühen um eine ästhetisch ansprechende Briefkultur zu verfolgen. Die Erfindung von Telefon und Schreibmaschine haben dem jedoch leider ein Ende gesetzt. Aber auch in unserem Jahrhundert gibt es noch meisterhafte Briefschreiber, so Paul Standard in New York, dessen diszipliniert schwungvolle Humanistenkursive jeden Brief von ihm zu einem graphischen Kunstwerk macht.

Die schönsten Dokumente der Schreiblehrer früherer Jahrhunderte sind die Schreibmeisterbücher; es sind Lehr- und Musterbücher für Schüler in der Schreibschule und für das Selbststudium von Erwachsenen. Dem Lernenden wurden Alphabete und einzelne Mustertexte als Holzschnitt oder Kupferstich vorgegeben. In Deutschland erschien 1519 in Nürnberg das erste Vorlagenbuch für den Schriftunterricht. In 14 brillanten Holzschnitten wurden Kurrent, Kanzleikursive und Fraktur vorgeführt. Im Titel heißt es: »Ist dis Fundament Durch Johann Newdörffer, Rechenmeister und Modist zu Nürmberg, seinen Schülern zu einer Unterweisung gemacht.« Ein sogenannter Modist war hier ein Schreibmeister, der das Schreiben »modis in diversis«, also in verschiedenen Schriftarten, unterrichtete.

Johann Neudörffer in Nürnberg war in der ersten Hälfte des 16. Jh.s der renommierteste Schreibmeister. Seine Hand schrieb die endgültige Form der Fraktur, die dann auch für den Buchdruck eingesetzt wurde. Das Hauptwerk von Neudörffer erschien 1538 unter dem Titel »Anweysung einer gemainen Hanndschrift«. Mit dieser Publikation war nun formal ein vorbildlicher Typ des Schreibmeisterbuches geschaffen. Mehrere hundert verschiedene solcher Bücher erschienen in Italien, Spanien, Deutschland, Frankreich, England und in den Niederlanden. Heute sind es gesuchte Sammlerstücke. Auch heute noch suchen Städte und Gemeinden einen Meister der Handschrift, wenn sie besondere Urkunden haben wollen. In Bonn wirkt sogar ein Kalligraph der Bundesregierung, der zu Staatsbesuchen ins Ausland mitgenommen wird. Aber auch im ganz privaten Bereich findet eine kultivierte Handschrift ihre Bewunderer.

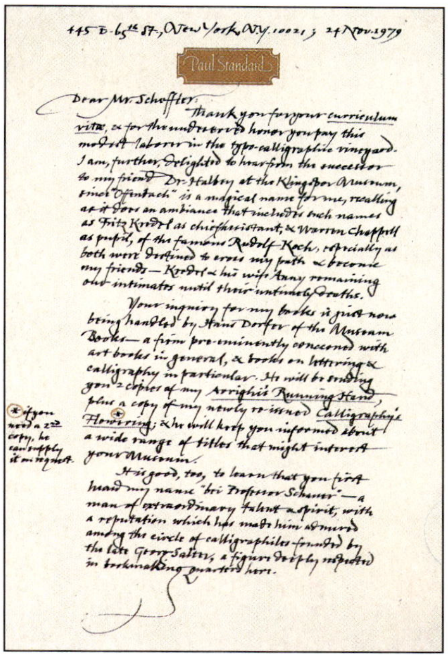
445 E. 65th St., New York, N.Y. 10021; 24 Nov. 1979

Paul Standard

Dear Mr. Schoffler:

Thank you for your curriculum vitae, & for the undeserved honor you pay this modest laborer in the typo-calligraphic vineyard. I am, further, delighted to hear from the successor to my friend Dr. Halbey at the Klingspor Museum, since "Offenbach" is a magical name for me, recalling as it does an ambiance that includes such names as Fritz Kredel as chief assistant, & Warren Chappell as pupil, of the famous Rudolf Koch, especially as both were destined to cross my path & become my friends — Kredel & his wife Anny remaining our intimates until their untimely deaths.

Your inquiry for my books is just now being handled by Hans Dorfer of the Museum Books — a firm pre-eminently concerned with art books in general, & books on lettering & calligraphy in particular. He will be sending you 2 copies of my Arrighi's Running Hand, plus a copy of my newly re-issued Calligraphy's Flowering; & he will keep you informed about a wide range of titles that might interest your Museum.

(*) if you need a 2nd copy, he can supply it on request.

It is good, too, to learn that you first heard my name "bei Professor Schauer" — a man of extraordinary talent & spirit, with a reputation which has made him admired among the circle of calligraphiles founded by the late Georg Salter, a figure deeply respected in bookmaking quarters here.

Aus der Humanistischen Kursive entwickelte Handschrift. Brief von Paul Standard, 1979.

Schriftkunst im 19. und 20. Jahrhundert

Die bürgerliche Schreibkultur des 15. bis 18. Jh.s verkümmerte in einem dünnen, ausdruckslosen Strich der spitzen, englischen Stahlfeder. Dieses Massenprodukt der jungen Metallindustrie überschwemmte im 19. Jh. in Millionen von Exemplaren die ganze Welt. Die elastische, individuell zugeschnittene Vogelkielfeder gehörte schnell der Vergangenheit an. Bald eroberte auch die Schreibmaschine die Büros und Kanzleien. Das Gesetz verlangt nur noch vom Testament, daß es handgeschrieben ist.

In der Nacht vom 28. zum 29. November 1814 wurde in London die Tageszeitung »Times« zum erstenmal auf einer Schnellpresse gedruckt. Damit begann der revolutionäre Siegeszug der mechanischen Vervielfältigung von Schrift und Bild. Die Dampfmaschine ersetzte die menschliche Arbeitskraft und Räder begannen sich zu drehen, wo vorher Handarbeit geleistet wurde. Die Gießmaschine für die Produktion der Druckbuchstaben, die Zeilensetz- und -gießmaschine Linotype, die Papiermaschine und die Drahtheftung, das alles sind Erfindungen des 19. Jh.s, die die Buchherstellung grundlegend veränderten. In dieser Euphorie des modernen Industriezeitalters gingen die ästhetischen Fragen von Schrift und Buchgestaltung oft unter. In mageren, charakterlosen Schriften sind die meisten Bücher des 19. Jh.s gedruckt. Die beschwingte Kurrentschrift des 16. Jh.s erstarrt zu einem monotonen, spitzen Auf und Ab der Sütterlin-Schrift.

Doch da setzte eine Gegenbewegung ein, deren Anstoßkraft bis heute wirksam ist. Der Engländer William Morris war besessen von der Idee des schönen Buches. Er gründete 1891 eine Presse und druckte auf handgeschöpften Papieren mit neuen, kräftigen Schriftformen herrliche Bücher. Er pilgerte zu den gotischen Kathedralen Frankreichs und studierte in den Bibliotheken von Oxford und London mittelalterliche Handschriften. Mit der Kiel- und Rohrfeder schrieb er in der Art der Mönche schöne, große Handschriften und illuminierte diese kostbar. Er wollte den Menschen die Freude an der Handarbeit zurückbringen. Die Arbeiter in den Fabriken sollten wieder zu einer menschenwürdigeren Lebensform finden. Morris war beunruhigt von der entfremdeten Arbeit der Menschen in den grauen Industriestädten. In der Maschine sah er den großen Feind des Menschen, deshalb wollte er das Handwerk wieder beleben.

So druckte er Bücher auf einer Handpresse in der Art der Inkunabelzeit, also der Zeit vor 1500, in der die ersten Druckerzeugnisse entstanden. Eine ausgewogene Typographie sollte dem Auge des Lesers eine angenehme Lektüre bereiten. Der englische Buchbinder und Pressendrucker Thomas James Cobden-Sanderson publizierte 1900 seinen grundlegenden Essay »The ideal book« und weist darauf hin, daß die Wurzeln des schönen Buches in der Handschrift liegen. In der Kalligraphie früherer Jahrhunderte entdeckte er den

Ausdruck einer elementaren Freude an Ordnung und Schönheit.

In diesen Kreis um William Morris kam der Medizinstudent Edward Johnston, für den die mittelalterlichen Handschriften eine Lebenswende brachten. Mit Rohr- und Vogelkielfedern begann er zu schreiben. Sein Wunsch war, die Buchstaben wieder aufleben zu lassen, die Kunst des Schreibens den Menschen wieder bewußt zu machen. Mit der Pflege der Handschrift wollte er die Kreativität der Menschen wecken, damit diese wieder mehr Freude am Leben empfinden. Im September 1899 beginnt Edward Johnston mit Schriftkursen an der Londoner Central School for Arts and Crafts. 1902 wird er Schriftlehrer am Royal College of Arts. 1906 erscheint sein grundlegendes Lehrbuch »Writing and illuminating and lettering«. Der Schriftunterricht von Edward Johnston war der Anfang einer großen Erneuerungsbewegung der europäischen Schriftkunst.

Eine der begabtesten Schülerinnen Johnstons war die Deutsche Anna Simons, die 1896 zum Studium nach London ging, da sie als Frau in Deutschland an keiner Kunstschule zugelassen wurde. Nach erfolgreichem Studium bekam sie 1905 einen Ruf nach Düsseldorf. An der dortigen Kunstgewerbeschule sollte sie Schriftunterricht erteilen. Damaliger Rektor war der junge, engagierte Architekt Peter Behrens. Er hatte seit 1901 einige neue, zeitgemäße Schriften für den Buchdruck entworfen, die alle von der aufstrebenden Schriftgießerei der Brüder Karl und Wilhelm Klingspor in Offenbach gegossen wurden. Außerdem holte er den gerade 25jährigen Fritz Helmuth Ehmcke von der Steglitzer Werkstatt in Berlin nach Düsseldorf an seine Schule.

Mit Behrens, Ehmcke und Simons waren zu Beginn des 20. Jh.s drei begeisterte Schriftkünstler in Düsseldorf wirksam. Man hatte erkannt, daß eine Wiederbelebung des Schriftwesens in einer Rückkehr zum Schreiben selbst gründen muß. Man besann sich wieder der alten, ursprünglichen Schreibwerk-

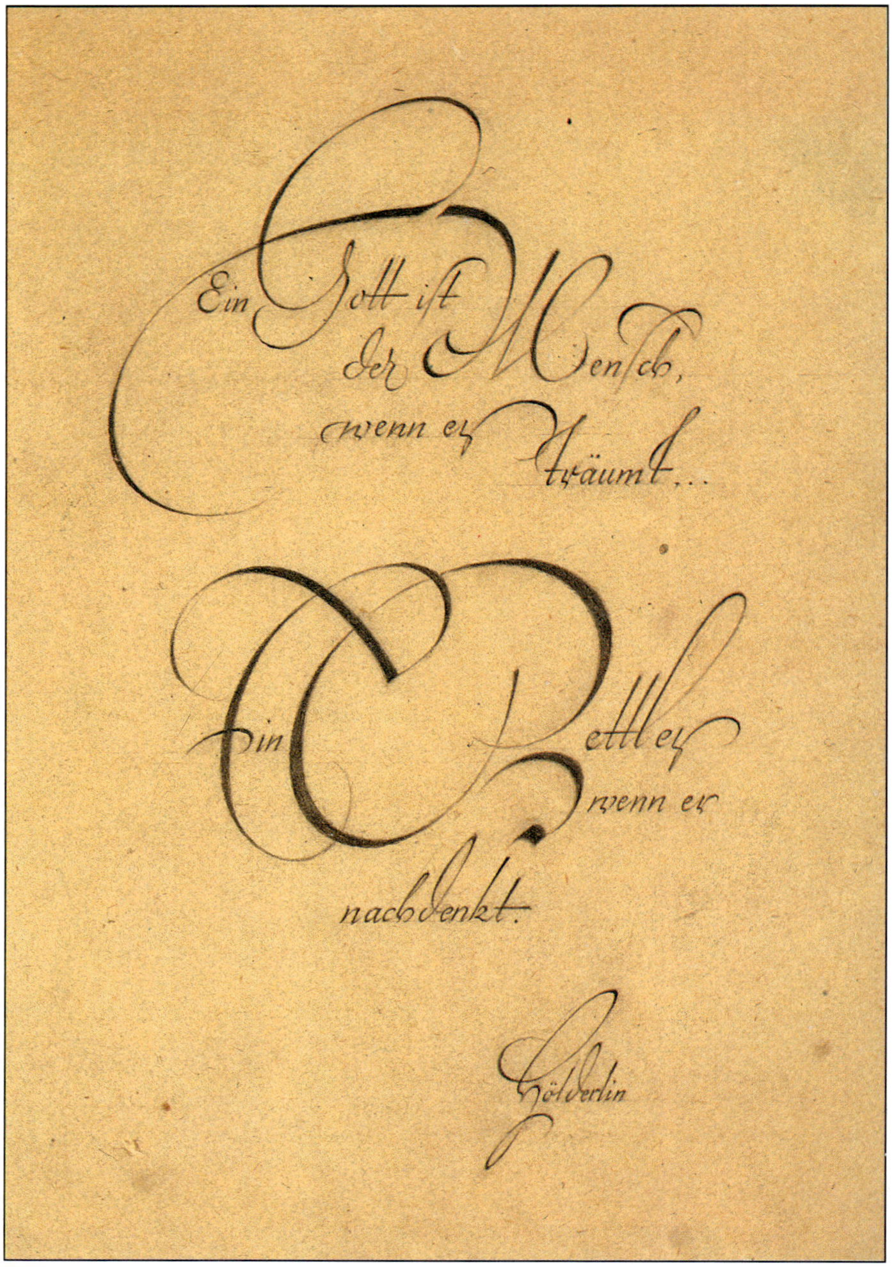

Rudo Spemann. Kalligraphisches Blatt, geschrieben mit Bleistift auf Büttenpapier 1946 in Gefangenschaft.

zeuge, die einen lebendigen, ausdrucksstärkeren Strich ermöglichten.

Ab 1908 holte Henry van de Velde alljährlich Anna Simons zu Schriftkursen an die Kunstgewerbeschule in Weimar. Ganz in der Methode von Johnston unterrichtete sie auch in Hamburg, Halle, Frankfurt, Nürnberg und Zürich. Ab 1914 lebte Anna Simons in Münschen, wo sie die Bücher der Bremer-Presse mit kalligraphisch gestalteten Titelblättern und Initialen schmückte. Für ihre Leistungen im Bereich der Schriftkunst verlieh ihr sowohl der preußische als auch der bayerische Staat den Professorentitel. Anna Simons wurde zum Ehrenmitglied der Londoner »Society of Scribes and Illuminators« ernannt.

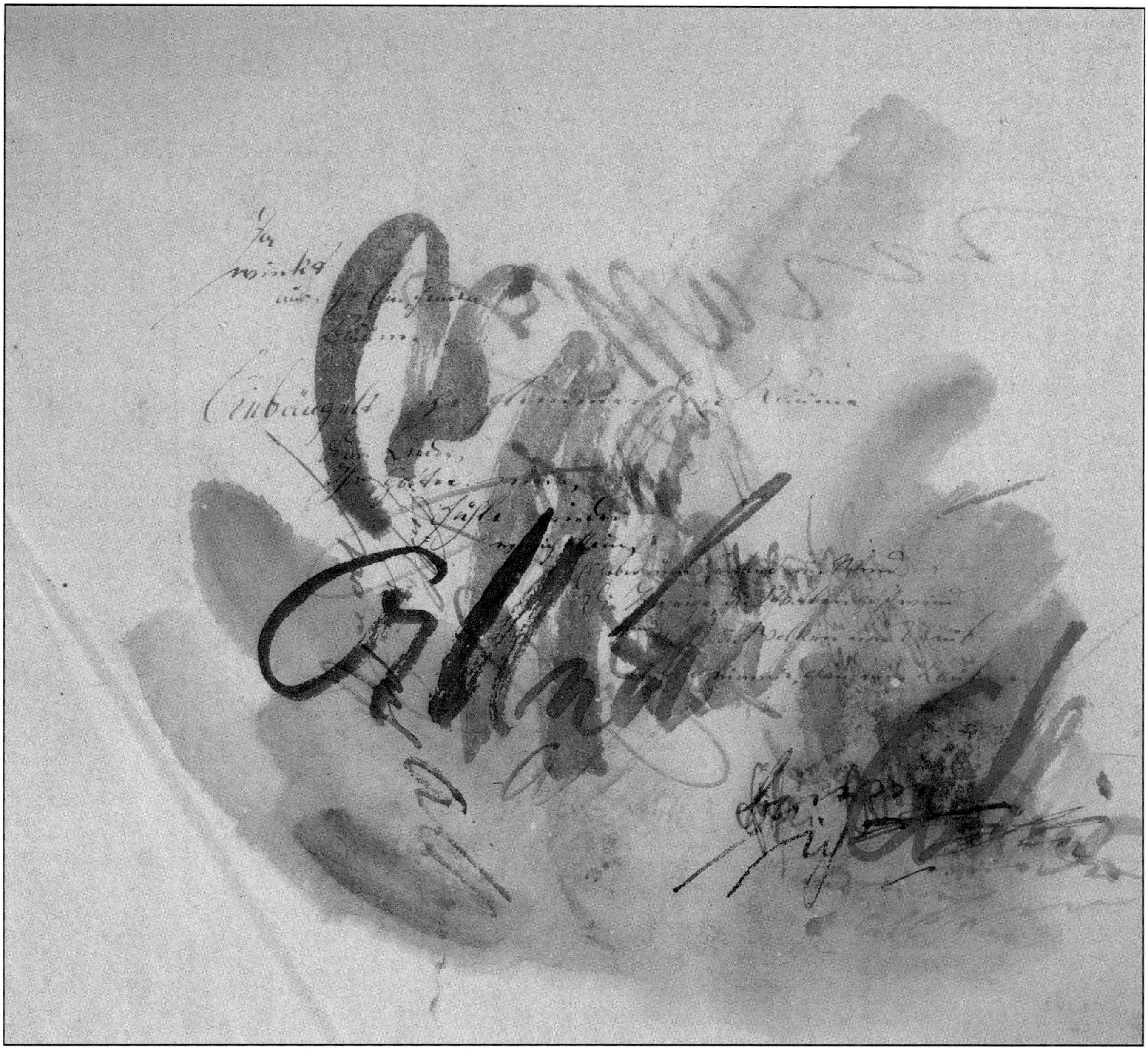

Eva Aschoff. »Ja, wirkt nur ihr lauschenden Bäume...« Großes farbiges Schriftbild auf Japanpapier, um 1960.

Im gleichen Jahr, 1902, als Edward Johnston in London an die Königliche Hochschule für den Schriftunterricht berufen wurde, erhielt in Wien Rudolf von Larisch seine Dozentur an der Kunstgewerbeschule. 1905 veröffentlichte er seinen »Unterricht in ornamentaler Schrift«. Beide hatten ganz verschiedene Lehrmethoden. Johnston ging von historischen Schriftformen aus und ließ einzelne Buchstaben üben. Die Quadrata, die Capitalis, die Unziale, die Humanisten-Kursive und auch gotische Schriften, »black letter« nennt man sie in England, schrieb man wieder. Erst wer die Buchstaben der verschiedenen Alphabete beherrschte, durfte sich an das Schreiben kleiner Bücher wagen. Bei Larisch in Wien war das Üben einzelner Buchstaben und Alphabete verpönt. Für Larisch war die rhythmische Folge der Buchstaben und Worte in einem zusammenhängenden Text von Wichtigkeit.

In der Larisch-Schule war der dekorative Gesamteindruck des kalligraphischen Kunstwerkes entscheidend, weniger die Leserlichkeit des einzelnen Wortes.

Beim Zeichenlehrerkongreß 1912 in Dresden begegneten sich Johnston und Larisch. Anna Simons hatte eine Aus-

stellung englischer Schriftkunst organisiert; sie übersetzte den Vortrag von Johnston. So kam es in Dresden zu einem fruchtbaren Gedankenaustausch zwischen den Schriftkünstlern aus London, Düsseldorf und Wien.
Aus dem Unterricht von Fritz Helmuth Ehmcke in Düsseldorf ging der fast schon legendäre Schriftkünstler Ernst Schneidler hervor. 1882 wurde er in Berlin geboren, unterrichtete ab 1920 in Stuttgart an der Kunstgewerbeschule, der späteren Kunstakademie am Weißenhof. Er war als strenger Lehrer gefürchtet; seine Kritik ließ viele Tränen fließen. Aber viele bedeutende Schüler schauen dankbar zurück auf ihre Studienzeit bei Schneidler.
Ernst Schneidler war ein wortkarger Mann. Er hat fast nie öffentlich gesprochen, es gibt kaum theoretische Texte von ihm. Er zeigte keine Ausstellung mit eigenen Arbeiten. Seine schönsten Bekenntnisse stehen in Briefen: »Lieb ist mir immer das Suchen gewesen, das Reisen um des Reisens wegen, nicht um das Ankommen. Ich habe beinahe 30 Jahre lang mit großer Hingabe mich bemüht zu erforschen: Wie macht man Schrift? Ich habe das bis zur Besessenheit getrieben. Bei dieser Nachtarbeit, einer endlosen Wanderung oft in nächtlichen Bereichen, ist mancher Gedanke Fragment geblieben. Aber alles ist merkwürdig und nichts oberflächlich.«
Ja, tagsüber widmete er sich ganz dem Unterricht, den Studenten, nachts begab er sich, allein in seinem Zimmer, auf seine endlosen Wanderungen. Viele »merkwürdige« Arbeiten entstanden, die erst in seinem Nachlaß vor die Augen anderer kamen. Da sind viele Malereien einer ganz sensiblen Malkultur und viele hundert Schriftblätter, die meisten gar nicht groß. Auf einem Blatt steht, wie ein Selbstbekenntnis, mehrmals untereinander geschrieben in verschiedenen kleinen Variationen: »Reise in das Innere.« In den einsamen Stunden der Nächte schrieb Schneidler seine Schriftlandschaften. Verse aus Gedichten, Titel großer literarischer Werke, dazwischen wieder auch das Abc. Die Farben der Tinten wechseln, nichts

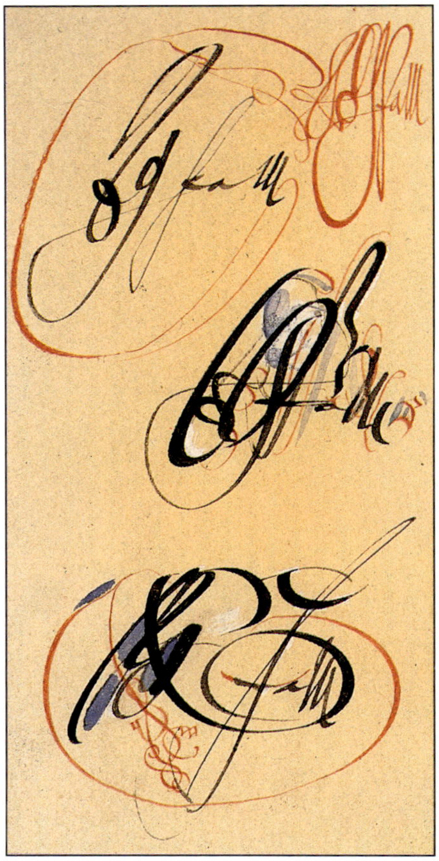

Ernst Schneidler. Kalligraphische Variationen zu »BGfam« 1943 (Ausschnitt). BGfam ist das Kürzel für Bauersche Gießerei Frankfurt am Main.

steht streng auf Linie, sondern alles wird ausgewogen verteilt, immer wieder werden andere Formen gesucht. Oft arbeitet er an einem Blatt mit vielen Jahren Zwischenraum. Er komponiert und variiert mit Worten. Und alle Blätter haben ihren Inhalt, deren Kristallisationspunkt der Geist Schneidlers ist. Die Texte sind ganz persönliche Aussagen, nichts ist unüberlegt geschrieben, »alles ist merkwürdig und nichts oberflächlich«. Ruhe und Zeit muß man mitbringen, um in diese kalligraphischen Kunstwerke einzudringen. Dieses freie Spiel mit der Schrift hat es nie zuvor in der europäischen Schriftkunst gegeben. Die Anmut und schwebende Leichtigkeit all seiner Schriftblätter kam aus einer tief empfindenden Seele, geformt durch strenge preußische Selbstdisziplin. Schneidler war Berliner. Das Schwere ist das scheinbar Leichte.
Die Druckschriften Schneidlers haben ihn längst zu einem international berühmten Schriftkünstler avanciert. Seine nächtlichen Abenteuer im Bereich der Kalligraphie weiß nur ein kleiner Kreis von Eingeweihten zu schätzen.
Zu den ganz Stillen in unserem Lande gehörte auch Eva Aschoff (1900–1969), eine Schülerin Schneidlers. Sie betrieb in Freiburg eine Buchbinderwerkstatt und schuf hier die zauberhaftesten Einbandpapiere. Die Farben ihrer Papiere kennen wir aus der Natur; kein Farbklang schmerzt das Auge des Betrachters. Und der Reiz abstrakter Linienspiele, die immer wieder in die Nähe von Schriftformen geraten, beleben ihre Arbeiten auf Papier. Weit über hundert Schriftbilder gehören zu ihrem fast unbekannten Lebenswerk.
Eva Aschoff malte und schrieb ganz zarte, persönliche, ja oft ganz privat anmutende Kalligraphien. Mit Farben schuf sie erst einmal eine Art Atmosphäre, einen ganz abstrakten Seelenraum, eine ganz ferne Landschaft, in die sie dann einen Text schrieb, ganz leicht, fast schwebend. Die dunklen Linien der Schrift sind einmal Gestaltungsmittel der graphischen Bildkomposition, dann ist die Schrift aber auch wichtiger Bedeutungsträger einer geistigen Aussage. Niemals verflüchtigen sich ihre kalligraphischen Arbeiten ins nur Skripturale, was in der modernen Kunst ja so beliebt ist. Ihre Schriftbilder sind persönliche Bekenntnisse; die von ihr gewählten Texte sind Ausdruck ihres Geistes, ihres Herzens. »Wie man empfindet, so will man empfunden sein«; ein Satz von Hugo von Hofmannsthal, den Eva Aschoff für ein Schriftbild wählte.
Solche ganz individuell gestalteten Arbeiten der Schriftkunst hat es früher nicht gegeben; auch sie sind Ausdruck eines neuzeitlichen Subjektivismus, einer einsamen, zerbrechlichen Künstlerexistenz in einer feindlichen Welt.
In fast spartanischer Selbstzucht schrieb

dagegen Rudo Spemann seine Handschriften und Schriftblätter. Auch dieser Schreiber ist ein Schüler Schneidlers. Viele hundert kalligraphische Arbeiten umfaßt sein Nachlaß, obwohl er schon mit zweiundvierzig Jahren in Gefangenschaft starb. Einige wenige Jahre unterrichtete er in der Schriftklasse der Leipziger Akademie.
Rudo Spemann war ein begnadeter Schreiber. Auf ausgesuchten Papieren schrieb er Texte der Weltliteratur in den unterschiedlichsten Schriftstilen. Da findet man elegante Kursivschriften auf hauchzarten Japanpapieren und kräftige gotische Schriftformen auf schweren, handgeschöpften Büttenpapieren.

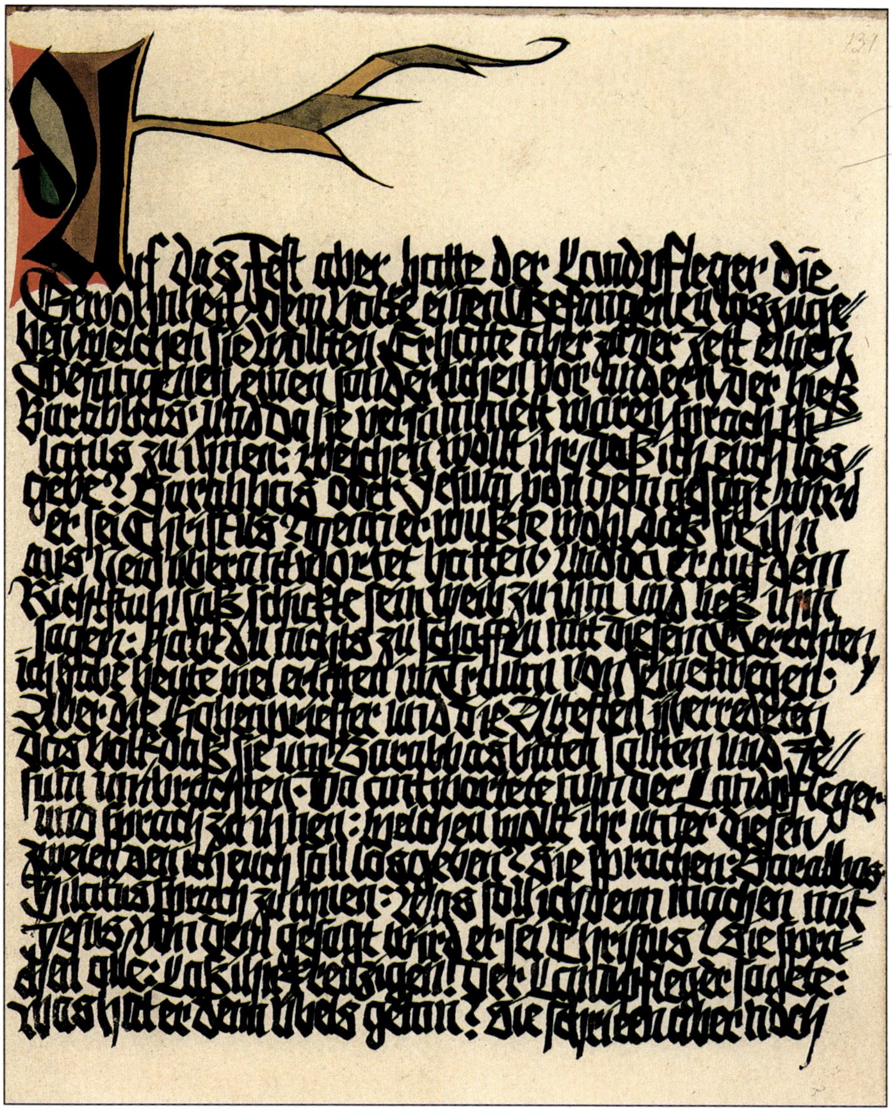

Rudolf Koch. Eine Seite aus dem Matthäus-Evangelium, 1921. Eines der schönsten Beispiele expressionistischer Schriftkunst.

Titelblätter in der Capitalis quadrata stehen wie klassische Architektur auf dem Blatt. Und es gibt Schriftblätter, die sind von heiterster Musik erfüllt. Der künstlerische Nachlaß von Rudo Spemann ist ein Schatz des Klingspor-Museums der Stadt Offenbach, ein Geschenk der Familie Spemann ans Museum. Besucher aus aller Welt kommen nach Offenbach, um diese Schriftkunst zu sehen. Walter Tiemann, einst Rektor der Leipziger Akademie und Förderer von Spemann, schrieb bei Betrachtung dessen Werkes: »In dem unendlich weiten Garten der künstlerischen Gestaltungen ist die Kalligraphie eine der reizvollsten, liebenswürdigsten Ziergewächse abendländischer Kultur.«
Walter Tiemann gestaltete selbst kalligraphische Titelseiten, Bucheinbände und Schutzumschläge vieler Bücher des Insel Verlags, die diesem Verlag vor 1945 ein unverwechselbares Aussehen gaben. Und er entwarf eine ganze Reihe klassischer Schriften, die in Offenbach gegossen wurden.
Die Brüder Karl und Wilhelm Klingspor hatten aus der Rudhardschen Schriftgießerei eine Firma von Weltruf gemacht. Namhafte Künstler wie Eckmann, Behrens, Tiemann und Spemann arbeiteten für sie. 1906 kam Rudolf Koch nach Offenbach und in enger Zusammenarbeit mit Karl Klingspor bildete er sich zu einem der ganz großen Schriftkünstler in der ersten Hälfte des 20. Jh.s heran. Fast dreißig Schriften entwarf er für die Offenbacher Firma. Ab 1908 unterrichtete Rudolf Koch dann auch als Schriftlehrer an der Offenbacher Kunstgewerbeschule. Sein Schriftunterricht erhielt bald einen grundlegenden Stellenwert im gesamten Lehrbetrieb der Schule. Sein ganzes Schaffen widmete er der Schrift. Handschriften, Schriftblätter, Blockbücher und Schriftteppiche von ihm gehören zu den großen künstlerischen Leistungen der zwanziger Jahre. Manch ein handgeschriebenes Buch aus der Feder Rudolf Kochs ist ein Dokument expressionistischer Schriftkunst. Er bekennt: »Das Buchstabenmachen in jeder Form ist mir das reinste und das größte Vergnügen, und in unzähligen Lagen und Verfassungen meines Lebens war es mir das, was dem Sänger ein Lied, dem Maler ein Bild oder was dem Beglückten ein Jauchzer, dem Bedrängten ein Seufzer ist – es war und es ist mir der glücklichste und vollkommenste Ausdruck meines Lebens.«

Christian Scheffler

Die Kunst des sch

Eitelkeiten, und Alles ist...

Schrift

Keine Kunst braucht zur Vollendung mehr Liebe als die Kunst der Letter, keine mehr I. Sie selbst denkt nicht ans Strahlen. D. soll leuchten. Die Wortwunder der Dichter und Weisen werden durch sie lebendig und geben ab von ihrem Mut ihrem Mächenglanze, ihrer Wahrhaftigkeit und Kraft jedem, der will.

KA

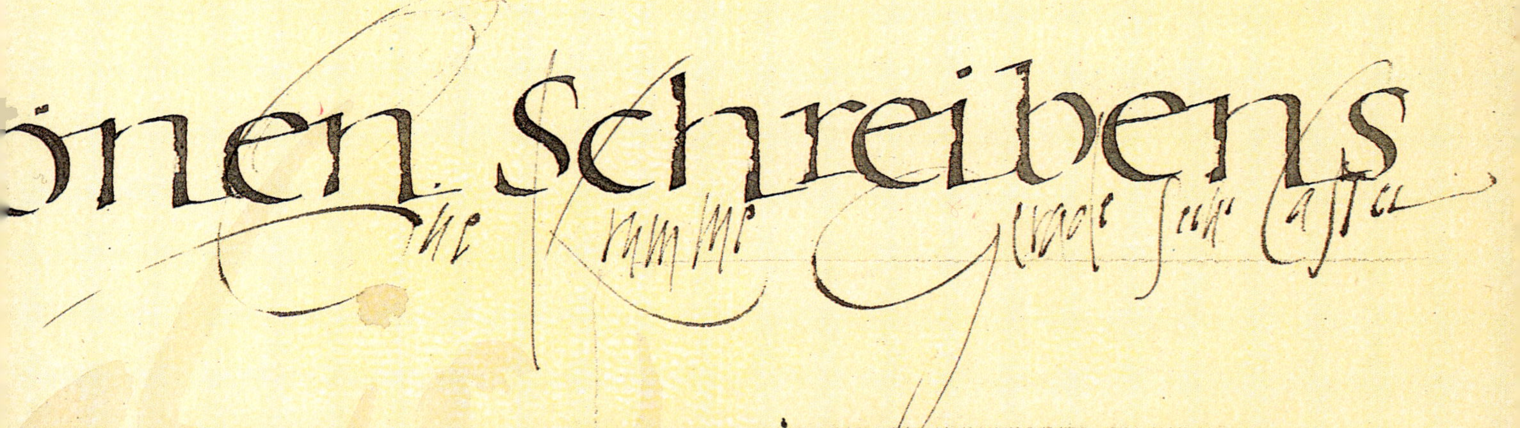

Eine Anleitung zum Schreiben

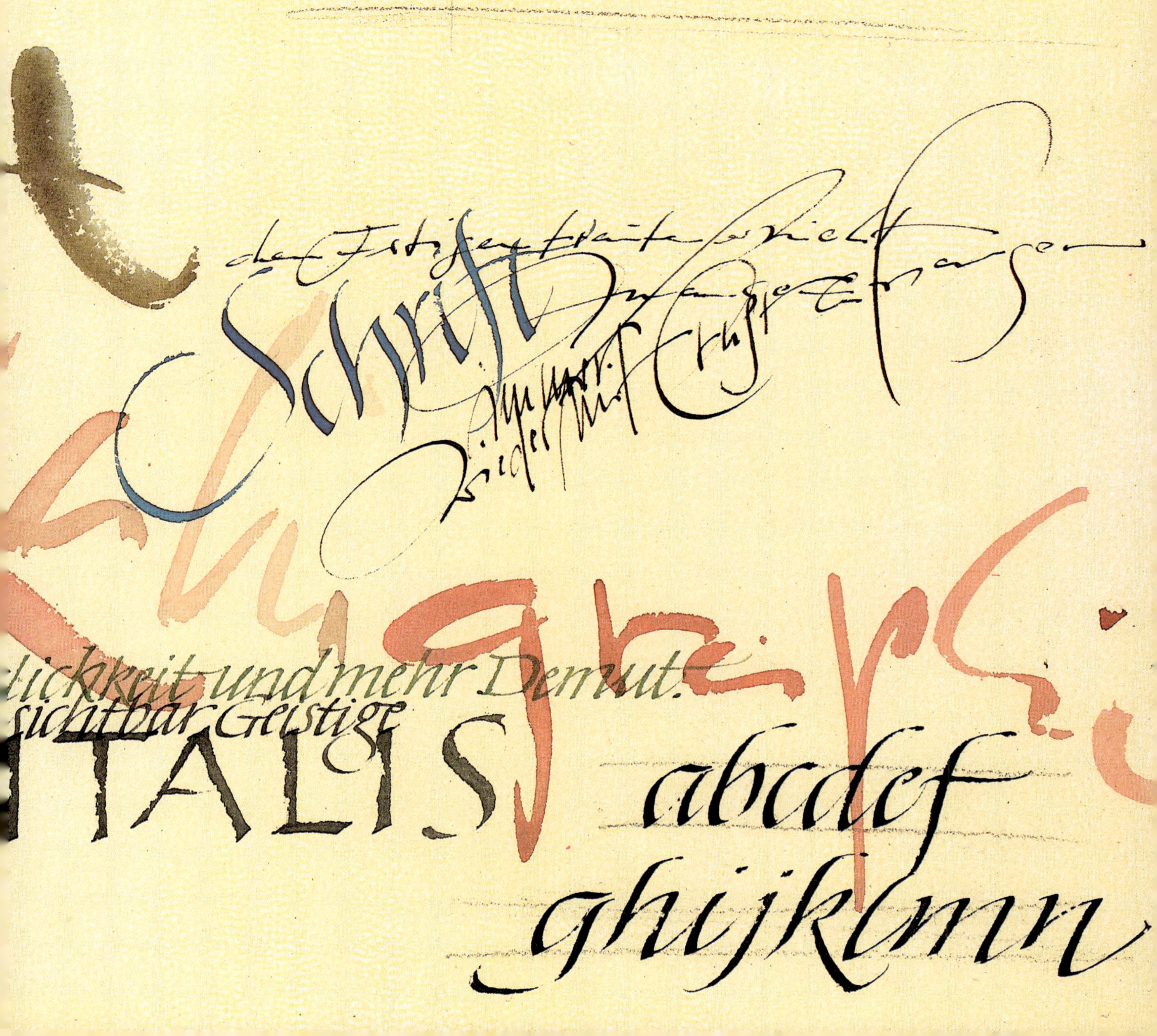

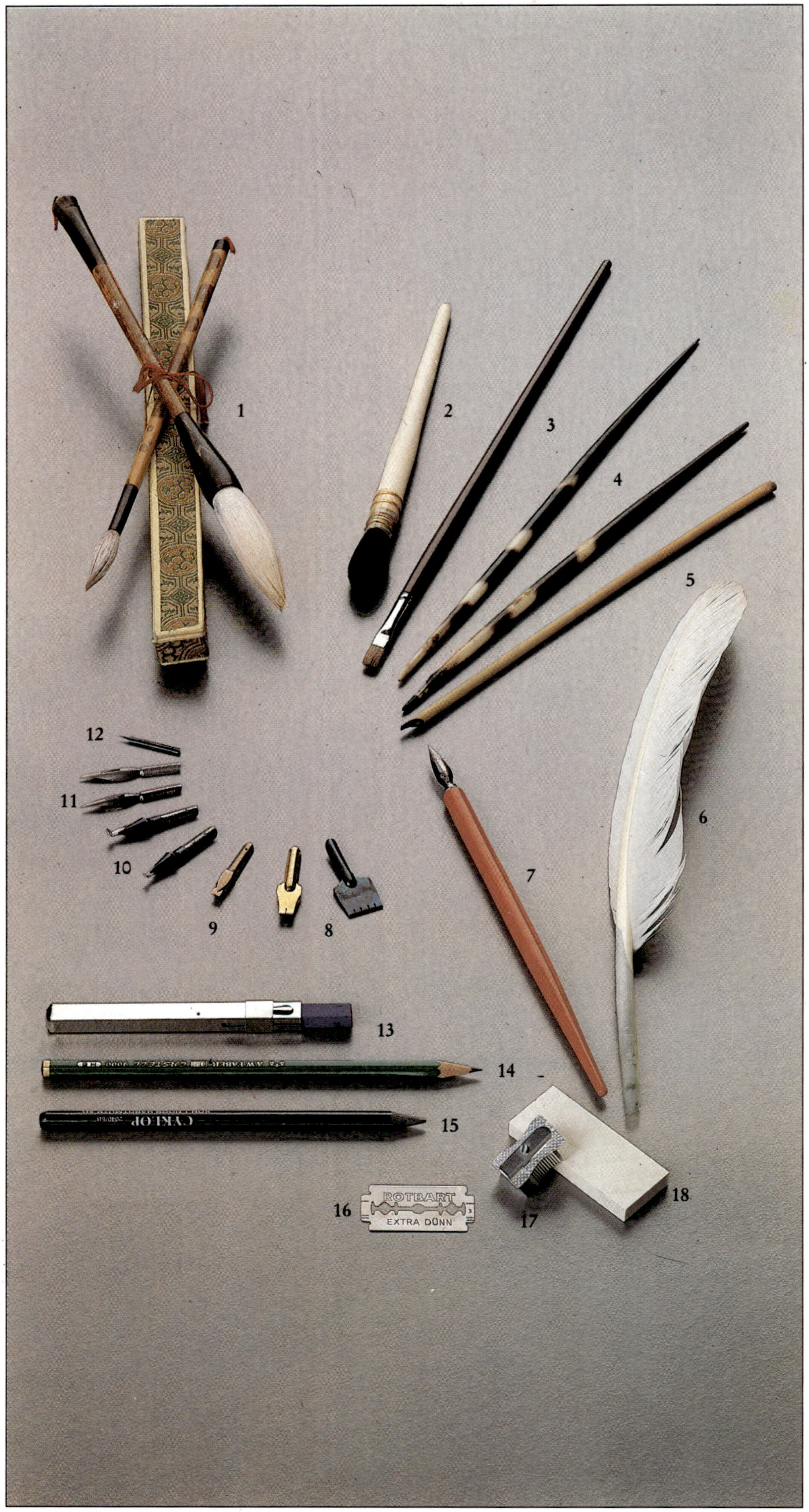

Werkzeuge und ihre Pflege

Das wichtigste Werkzeug des Kalligraphen ist die Bandzugfeder. Ihre historischen Vorläufer waren der zugeschnittene Gänsekiel und das Bambusrohr. Auch wenn die Bandzugfeder als praktischer Tuschefüllhalter angeboten wird, spricht doch einiges für das Eintauchen der Feder in Tinte, Tusche oder Farbe. Bandzugfedern gibt es in den Größen 0,5; 1; 1,5; 2; 2,5; 3; 4 und 5 mm, die Breitzugfedern in den Größen 6 und 8 mm. Da Bandzugfedern nach rechts abgeschrägt sind, muß sie sich der Linkshänder umschleifen. Dafür bietet der Fachhandel Schleifsteine an. Neben Bandzugfedern sind Spitz- und Kanzleifedern erforderlich. Als Federhalter eignen sich am besten runde Schulfederhalter aus Holz. Zum Zeichnen und Skizzieren werden Bleistifte der Stärken HB und B verwendet. Ein billiger Pinsel dient zum Anrühren der Farben. Eine bessere Qualität empfiehlt sich für die Pinselkalligraphie mit Aquarellfarben, für Tusche sind Pinsel nicht geeignet. Ein weicher Radiergummi und elastische Rasierklingen für Korrekturen vervollständigen das Werkzeug. Ein leider etwas teures Reißbrett und die Reißschiene schaffen ideale Arbeitsbedingungen. Tip: Man läßt vom Schreiner ein DIN-A2-Brett anfertigen und montiert einen Steg an. Filzstifte und Pinselmarker rufen durch ihren gleichmäßigen Schreibfluß einen Effekt und eine Glätte hervor, die nicht das Ziel der Kalligraphie sein sollte. Im Ausschreiben von Feder und Pinsel entstehen zufällige und unwiederholbare Schattierungen von hell und dunkel, die das Schriftbild lebendig und transparent werden lassen. Mit selbstangefertigten Federn kann jener künstlerische Ausdruck noch verstärkt werden. Sie lassen sich zudem noch in jeder gewünschten Breite herstellen.

Benutzte Federn nach Gebrauch mit Wasser auswaschen. Wenn neue Federn unelastisch sind, genügt es, sie kräftig in die Tusche einzutauchen und durch

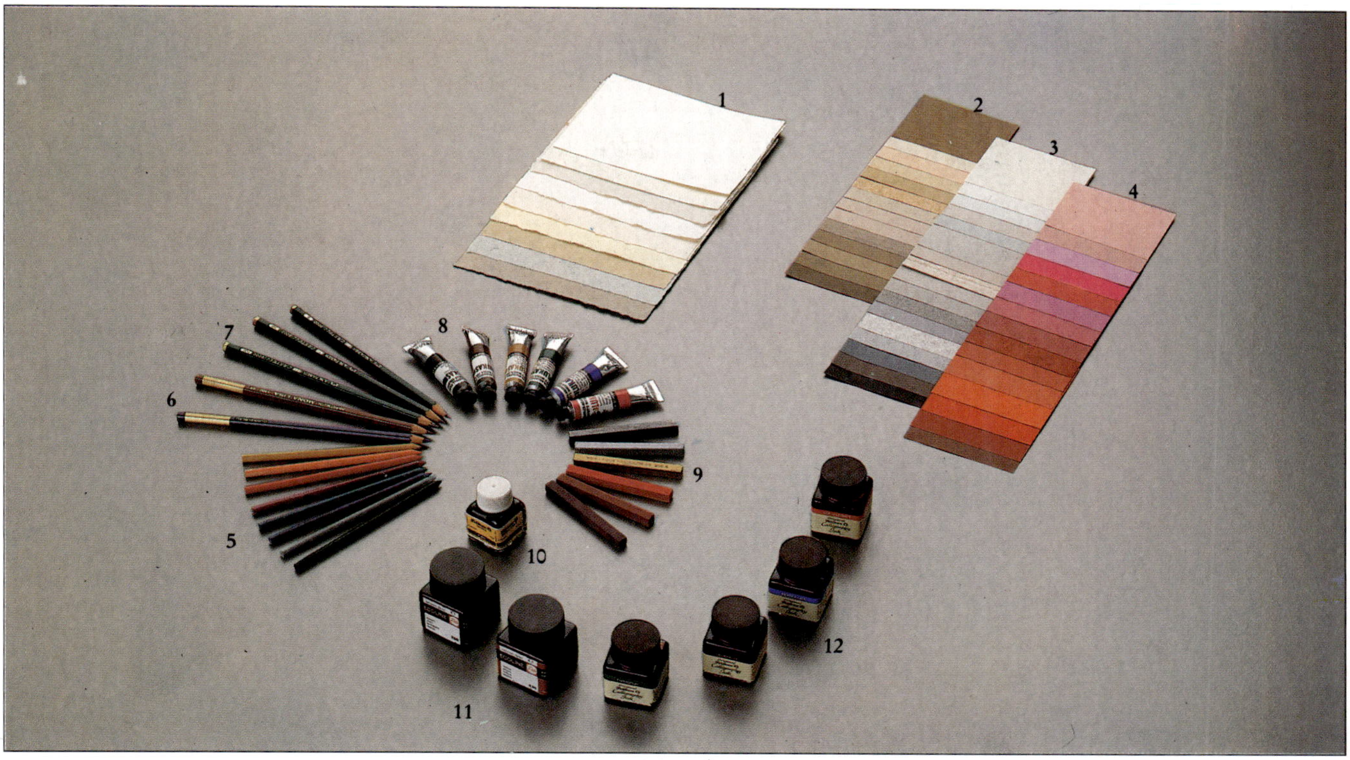

Links:
1 Japanische Kalligraphiepinsel, 2 Aquarellpinsel, 3 Flachpinsel, 4 Federn aus Stachelschweinborsten, 5 Feder aus einem Bambusrohr, 6 Gänsekiel, 7 Federhalter mit Kanzleifeder, 8 Breitzugfedern, 9 Bandzugfeder, 10 Redisfedern, 11 Kanzleifedern, 12 Spitze Zeichenfeder, 13 Pastellkreise mit Halter, 14 Bleistift, 15 Graphitstift, 16 Rasierklinge, 17 Spitzer, 18 Schleifstein

Oben:
1 Handgeschöpfte Büttenpapiere, 2–4 Japanpapier (Bütten), 5 Ölkreiden, 6 Ölfarbstifte, 7 Bleistifte, 8 Aquarellfarben, 9 Kreide, 10 Tusche, Sepia, 11 Transparente Wasserfarbe (schwarz, sepia), 12 Farbige Tusche (grün, schwarz, blau, rot)

Schwungübungen auf Schmierpapier an die eigene Handhaltung zu gewöhnen. Benutzte Pinsel nach Gebrauch mit Wasser auswaschen, Wasser ausschlagen und die Pinselhaare mit einem weichen Tuch in ihre ursprüngliche Form bringen.

Papier

Man unterscheidet zwischen holzhaltigen Papieren und Hadernpapieren. Holzhaltiges Papier vergilbt schnell, Hadernpapier ist lichtecht. Die Lichtbeständigkeit läßt sich durch einen einfachen Versuch überprüfen. Man setzt die Hälfte eines Papiers dem Licht aus, die andere deckt man ab. Hat sich nach geraumer Zeit die dem Licht ausgesetzte Papierhälfte verfärbt, ist das Papier nicht lichtecht. Die Papierfirmen geben neuerdings wieder den pH-Wert, also den Säuregehalt, an. Ein zu hoher Säuregehalt kann im Laufe der Jahre die Farben angreifen. Da das Papier nicht zu glatt und nicht zu rauh sein darf, empfehlen sich zum Üben das preiswerte weiße Ingres-Papier, 90 g schwer, und die Studienskizzenblöcke, DIN A3, 50 Blatt. Sie bieten gleichzeitig auch eine gute Schreibunterlage. Für anspruchsvollere Zwecke gibt es farbiges Bütten von Fabriano und handgeschöpfte Papiere.

Farben

Zum Üben ist eine dünnflüssige, schwarze Tusche oder Tinte gut geeignet. Aquarellfarben in Tuben bieten eine Abwechslung gegenüber dem monotonen Schwarzweiß. Lichtechte Aquarellfarben, die durch Sternchen gekennzeichnet sind, sollte man vorziehen.
Auch die etwas preiswerteren Temperafarben sind zum Schreiben geeignet. Die Farben können in einem Gefäß mit Schraubverschluß in der Größe eines Tuschglases mit destilliertem Wasser im Verhältnis von 1:1 angerührt werden. So halten sie sich einige Zeit im verschlossenen Glas. Die Farbe muß beim Schreiben flüssig aus der Feder oder mühelos aus dem Pinsel laufen. Eingetrocknete Farben lassen sich mit Wasser wieder auflösen. Auch dickflüssige Tuschen lassen sich mit destilliertem Wasser verdünnen. Außerdem finden Wachsmalstifte, Pastellkreiden sowie Graphitstifte ihren Einsatz.

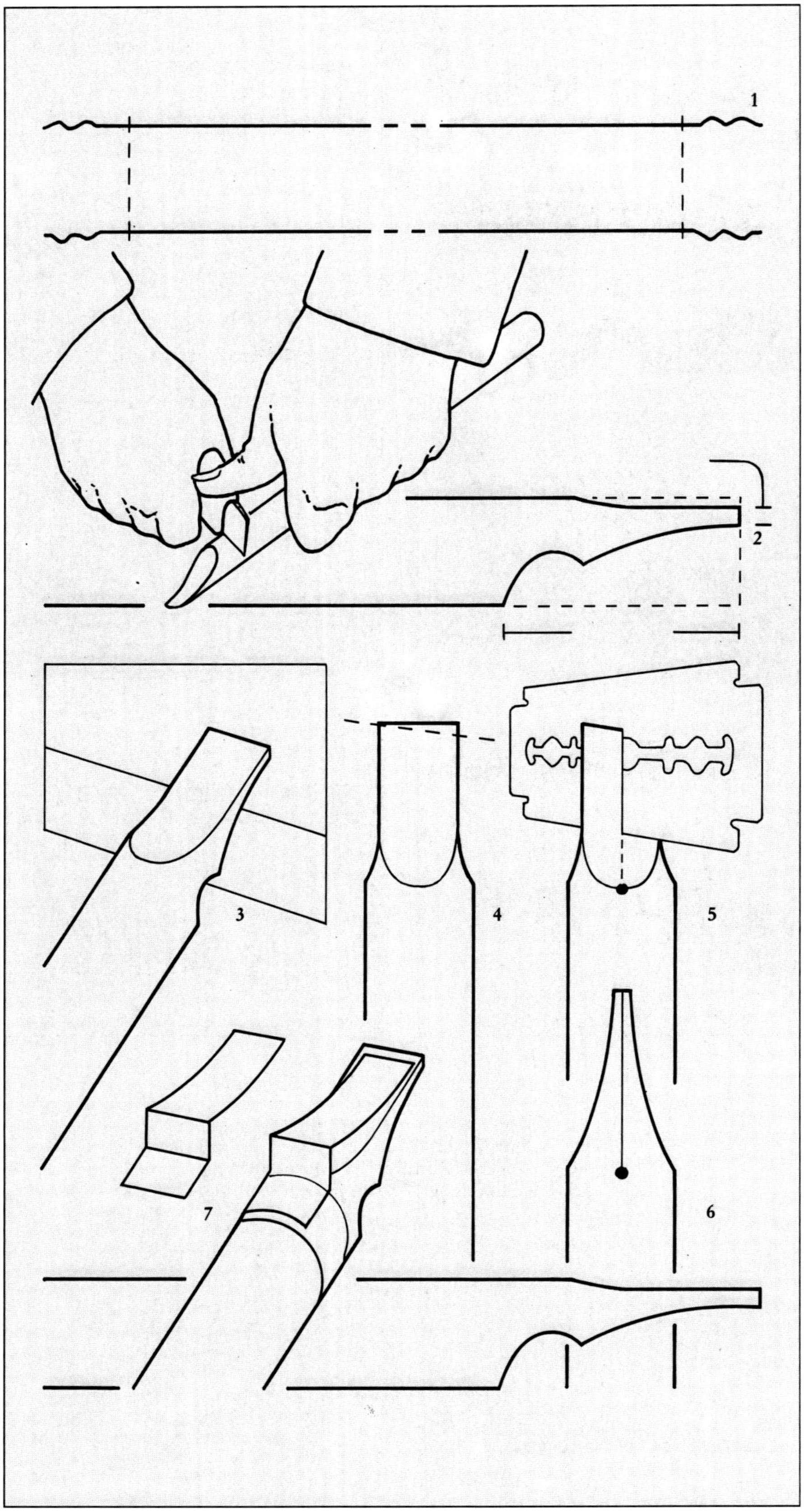

HERSTELLEN EINER BAMBUSFEDER

Material: Eine gerade gewachsene, möglichst junge Bambusstange mit 1–2,5 cm Durchmesser; Säge; Bastelmesser; Schleifpapier; Rasierklinge; Nadel; Klebeband und eine dünne Blechdose.

1. Ein etwa 20 cm langes Stück aus der Bambusstange sägen.
2. Das abgebildete Profil einschneiden, so daß sich an einem Ende eine flache Zunge bildet.
Diese sollte elastisch sein, darf aber auch nicht zu leicht abbrechen (Erfahrungswert).
3. Die Zunge mit Sandpapier glätten.
4. Die vordere Kante im gezeigten Winkel abschneiden.
5. Die Zunge vorsichtig mit einer Rasierklinge in der Mitte spalten.
6. Am Ende des Spaltes mit einer heißen Stecknadel ein kleines Loch einbrennen, damit die Fasern nicht weiterreißen.
7. Einen Blechstreifen in der Breite der Federspitze zurechtschneiden und biegen. Er dient als Schreibflüssigkeitsreservoir.
8. Mit diesem Verfahren lassen sich auch spitze Zeichenfedern herstellen.

SCHREIBWERKZEUGE

Bandzugfedern sind nach rechts abgeschrägte Stahlfedern.
Der Wechselzug ermöglicht unterschiedliche Strichstärken für Antiqua, Kursiv und für die gebrochenen Schriften (Textura, Schwabacher, Fraktur).
Breitzugfedern sind Stahlfedern, die nicht abgeschrägt sind. Sie weisen je nach Größe bis zu fünf Einkerbungen auf und dienen als Plakatschreiber sowie zum Schriftskizzieren.
Redisfedern (Schnurzug- oder Gleichzugfedern) sind Stahlfedern mit einer runden Platte an der Spitze. Gleichzug bedeutet immer gleiche Strichstärke. Sie ist nur geeignet für Blockschrift und zum Üben der Proportionen von Antiquaschriften.
Spitzfedern oder Zeichenfedern sind spitze, elastische Stahlfedern zum Zeichnen.
Schwellzug, das heißt An- und Abschwellen der Strichstärke durch Druck.
Für die englische Schreibschrift und zum Überarbeiten von Buchstaben.
Kanzleifedern sind spitze Zeichenfedern aus Stahl. Sie sind besonders geeignet für Handschriften und zum Schraffieren.
Flachpinsel gibt es als einfache Borstenpinsel und aus Marderhaar für Wandschrift und Plakatschrift.
Die Funktionen entsprechen der Bandzugfeder, die Pinselführung wird lediglich mit weniger Druck ausgeführt.
Seidenmalpinsel bestehen aus reinem Fehhaar (russisches oder kanadisches Eichhörnchenhaar). Der Naturkiel ist mit Draht gebunden, der Stiel aus rohem Holz. Diese Rundpinsel sind für Pinselkalligraphie gut geeignet und ersetzen die viel teureren Pinsel aus Marderhaar.

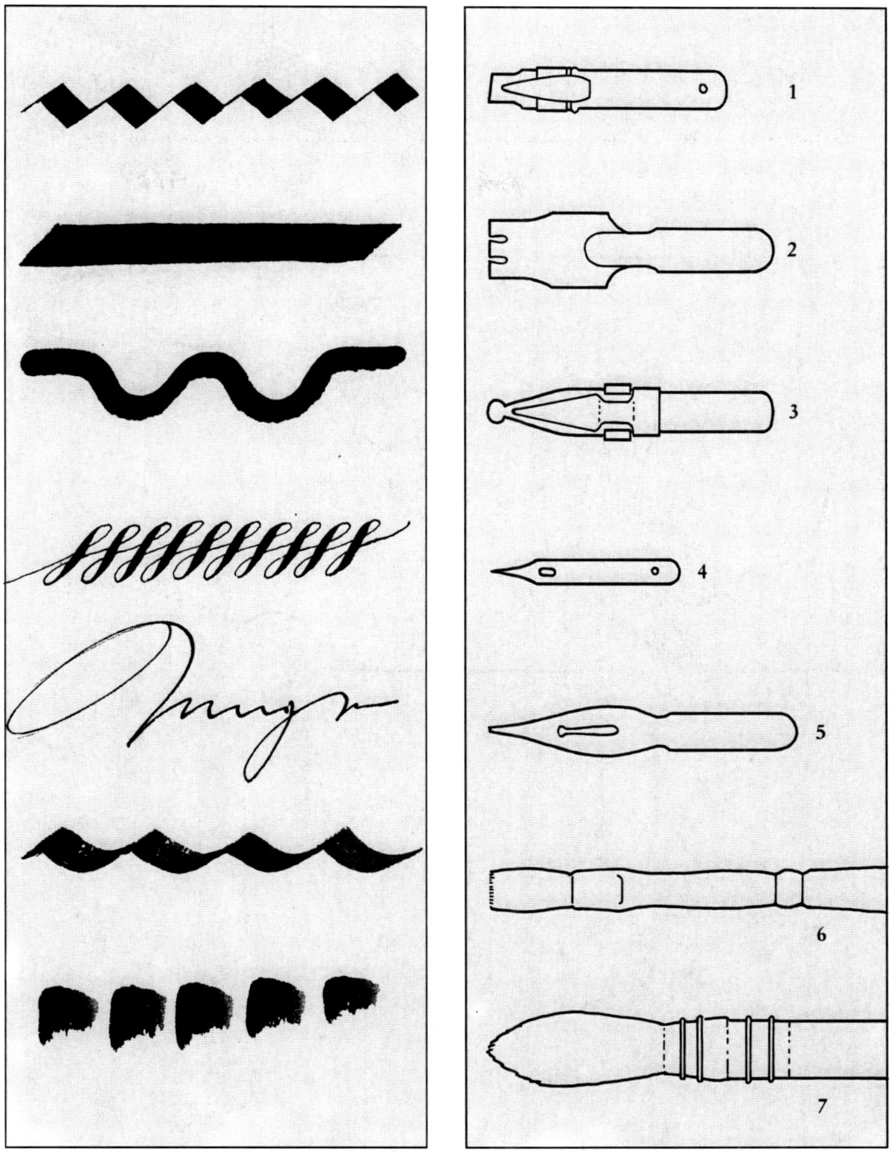

1 Bandzugfeder, 2 Breitzugfeder, 3 Redis- oder Gleichzugfeder, 4 Spitz- oder Zeichenfeder, 5 Kanzleifeder, 6 Flachpinsel, 7 Seidenmalerei

Arbeitsplatz

Die Arbeitsfläche muß gut beleuchtet sein. Kunstlicht sollte immer von links einfallen, Tageslicht möglichst von vorne. Die Höhe des Tisches ist so zu wählen, daß der linke Arm bequem aufliegt und der rechte uneingeschränkten Bewegungsraum hat. Eine verstellbare Schreibplatte, ein Reißbrett oder eine Tischlerplatte mit Steg, gegebenenfalls mit Büchern unterlegt, ermöglichen durch die Schrägfläche optimale Arbeitsbedingungen. Der zu beschreibende Bogen sollte nicht direkt auf der harten Arbeitsfläche liegen; eine nicht zu feste Unterlage, etwa eine Pappe unterlegen. Das Papier liegt immer lose auf und bleibt auch bei Kursivschriften immer gerade. Hat man einen Übungsblock, ist zu beachten, daß der Arm die Möglichkeit zum Aufliegen hat. Es ist besser, nicht bis an den unteren Rand des Blockes zu schreiben, da sich der Arm sonst verkrampfen und am Blockrand abgleiten kann. Die Grundhaltung der Hand ist dieselbe wie beim Schreiben mit Bleistift oder Kugelschreiber.

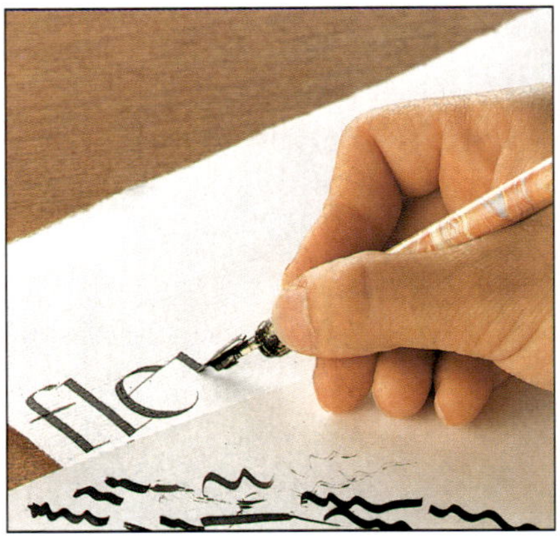

Ein Blatt Papier beilegen, um die Feder nach dem Eintauchen abzustreifen.

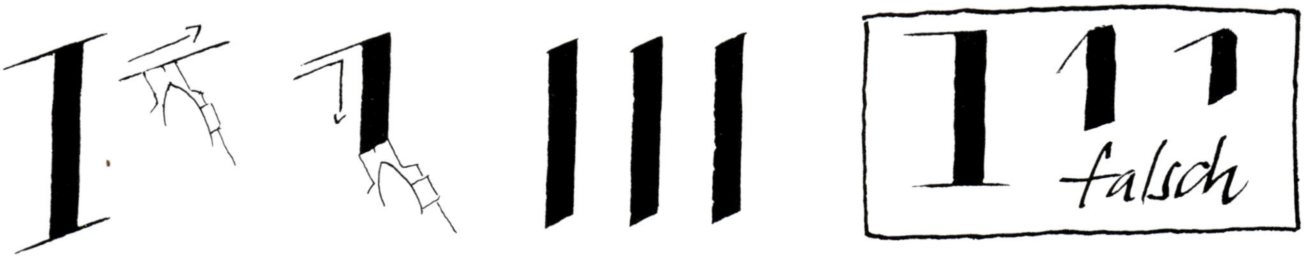

Grundzüge für die Bandzugfeder

1a Eine Senkrechte nach unten ziehen.
1b Mit dem dünnen Anstrich beginnen, in die Senkrechte nach unten einschwenken, dabei die Hand in der Grundhaltung belassen.
1c Mit dem dünnen Anstrich beginnen, in die Senkrechte nach unten einschwenken, absetzen, die Feder etwas steilstellen, neu ansetzen und, ohne die Grundhaltung zu verändern, den Endstrich ziehen.
2 Aus der Federgrundhaltung schräg nach rechts und links ziehen.
3 Die Feder steil stellen (im Winkel von 45°) und eine Senkrechte nach unten ziehen.
4a Aus der Federgrundhaltung einen Strich waagerecht ziehen.
4b Die Feder steil stellen und einen Strich waagerecht ziehen.
5a Aus der Federgrundhaltung senkrecht nach unten ziehen und dann mit weniger Druck nach links schwingen.
5b Aus der Federgrundhaltung in einem knappen, weichen Bogen von rechts nach links senkrecht nach unten ziehen, dann nach links schwingen.
6a Aus der Federgrundhaltung in einem weichen Bogen von links nach rechts senkrecht nach unten ziehen, dann in knapper Drehung nach rechts schwingen.
6b Aus der Federgrundhaltung in einer knappen Drehung schräg nach unten ziehen und in einer leichten Drehung nach links schwingen.
7a Aus der Federgrundhaltung schräg nach rechts unten ziehen und in einer knappen Drehung nach rechts schwingen.
7b Umgekehrt wie 7a.
8a Aus der Federgrundhaltung in einem knappen, weichen Bogen von links schräg nach unten ziehen und in einer knappen Drehung nach rechts ausschwingen.
8b Umgekehrt wie 8a.
9 Aus der Federgrundhaltung die Rundungen ziehen und ohne Druck und Veränderung der Ausgangshaltung auslaufen lassen.
10 Siehe 4a und 4b und dann anschließend die Striche langsam auslaufen lassen, wobei die Feder auf die rechte Kante zu stellen ist.
11 Durch Drehung der Hand die Feder horizontal zur Linie stellen und nach rechts ziehen.
12 Wie bei 11, dann in weicher Drehung nach rechts ziehen und nach unten abdrehen.
13 Aus der Federgrundhaltung flach nach rechts unten ziehen und knapp ausschwingen, ohne die Ausgangshaltung zu verändern.
14 Aus der Federgrundhaltung nach rechts ziehen; ohne die Ausgangshaltung zu verändern, nach links ziehen.

Grundzüge für die Bandzugfeder

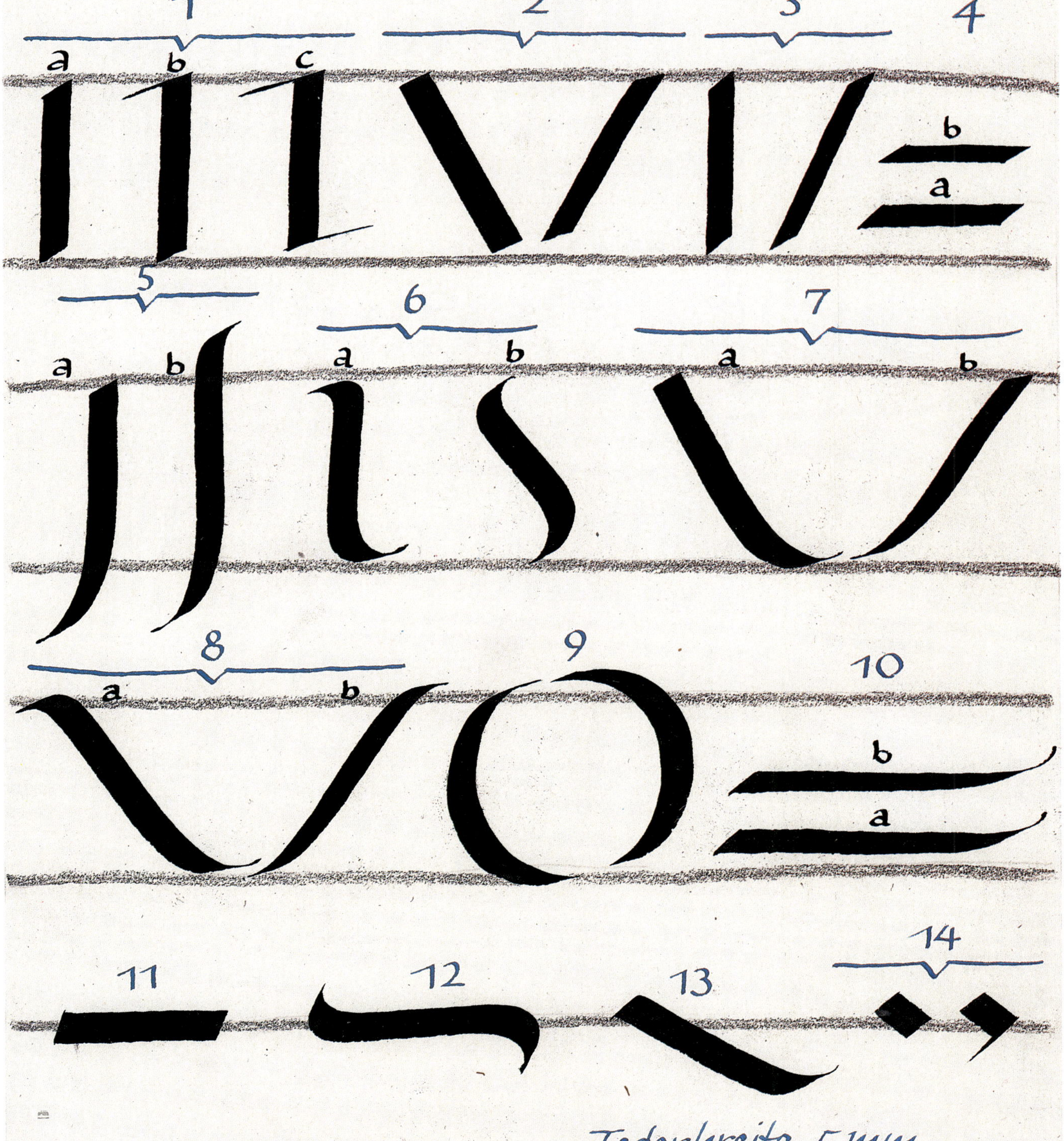

Federbreite 5 mm

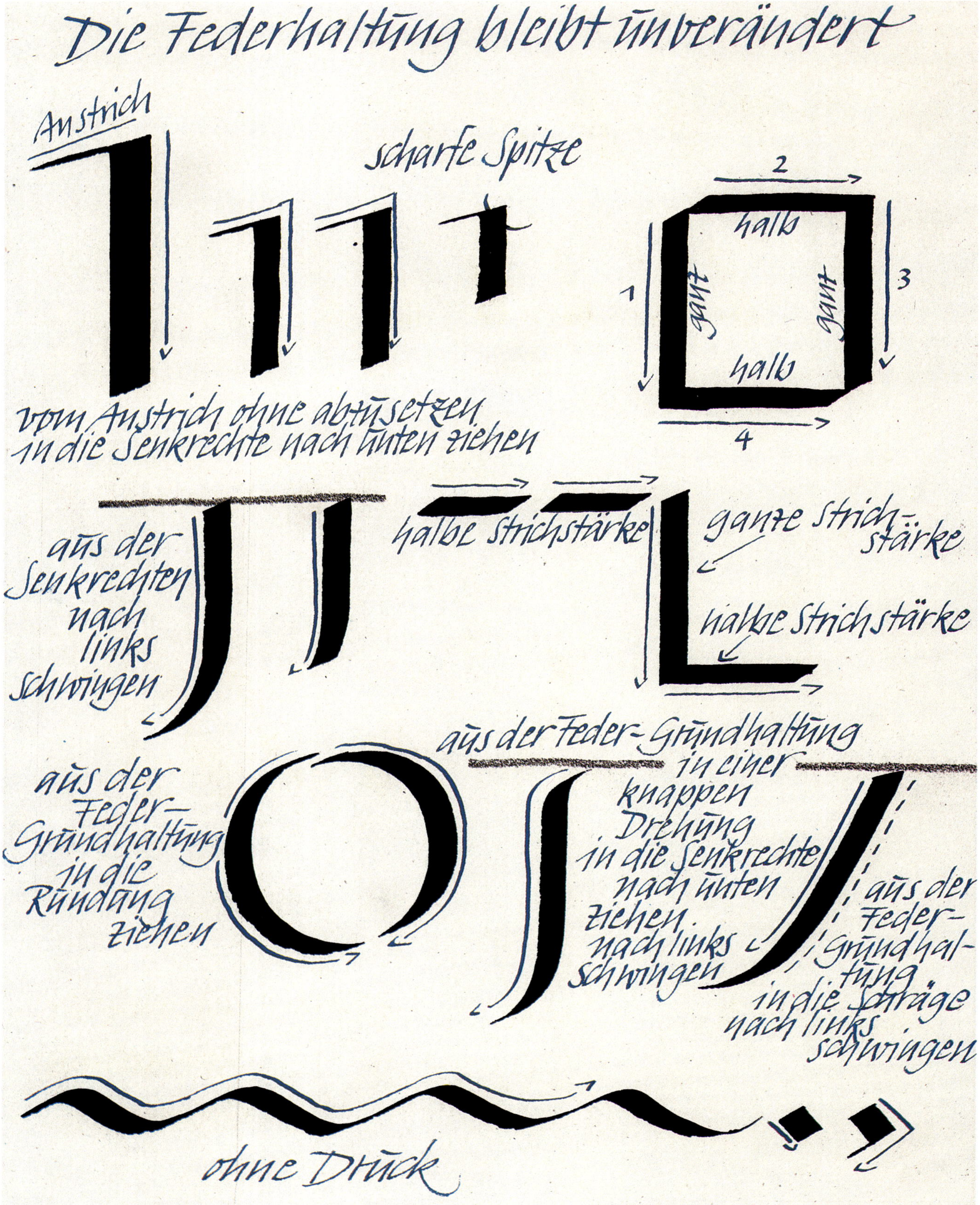
Die Federhaltung bleibt unverändert
Austrich
scharfe Spitze
2
halb
1
ganz
ganz
3
halb
4
vom Austrich ohne abzusetzen in die Senkrechte nach unten ziehen
aus der Senkrechten nach links schwingen
halbe Strichstärke
ganze Strichstärke
halbe Strichstärke
aus der Feder-Grundhaltung in einer knappen Drehung in die Senkrechte nach unten ziehen nach links schwingen
aus der Feder-Grundhaltung in die Rundung ziehen
aus der Feder-Grundhaltung in die Schräge nach links schwingen
ohne Druck

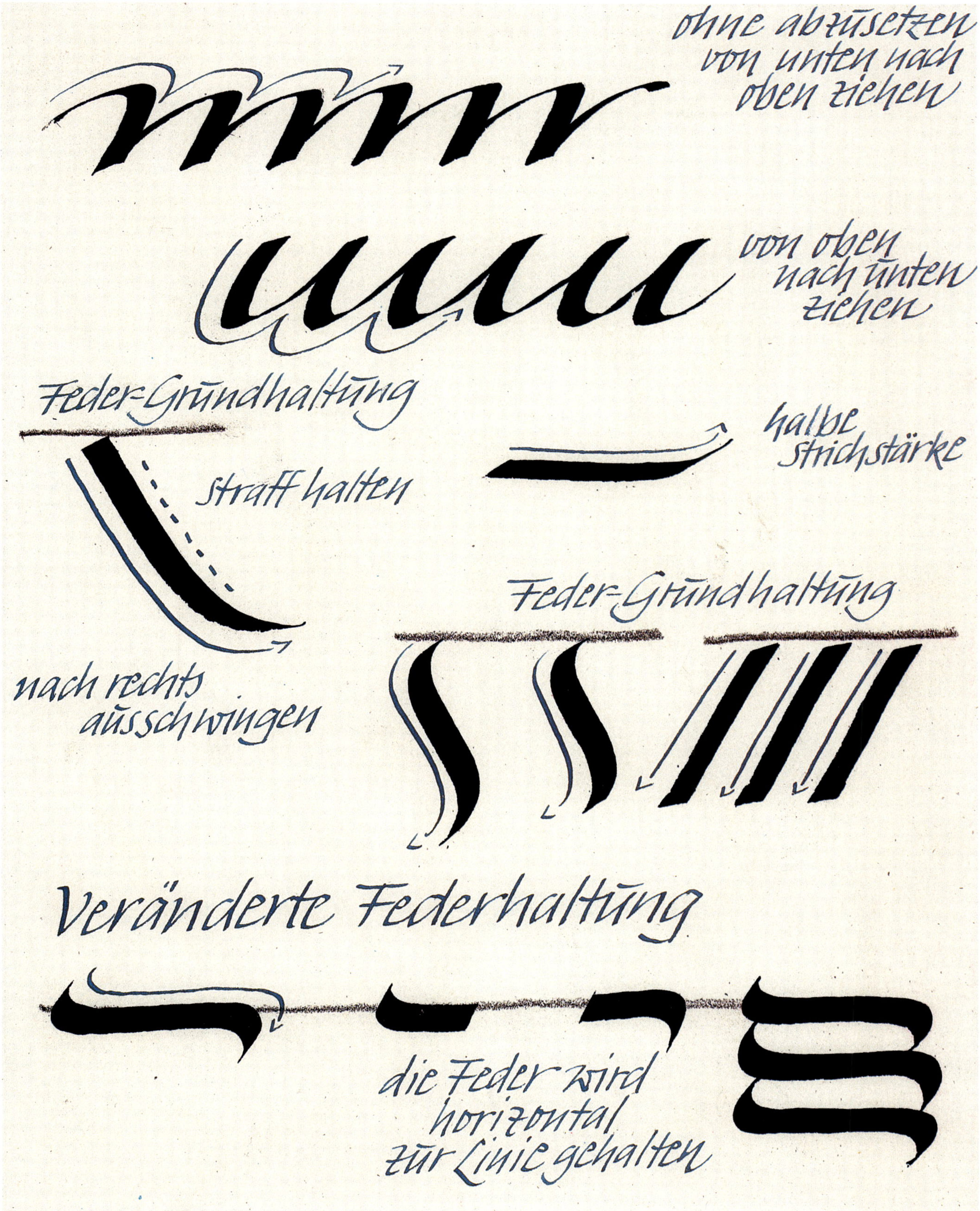
ohne abzusetzen
von unten nach
oben ziehen
von oben
nach unten
ziehen
Feder-Grundhaltung
halbe
Strichstärke
straff halten
Feder-Grundhaltung
nach rechts
ausschwingen
Veränderte Federhaltung
die Feder wird
horizontal
zur Linie gehalten

Wechselzug

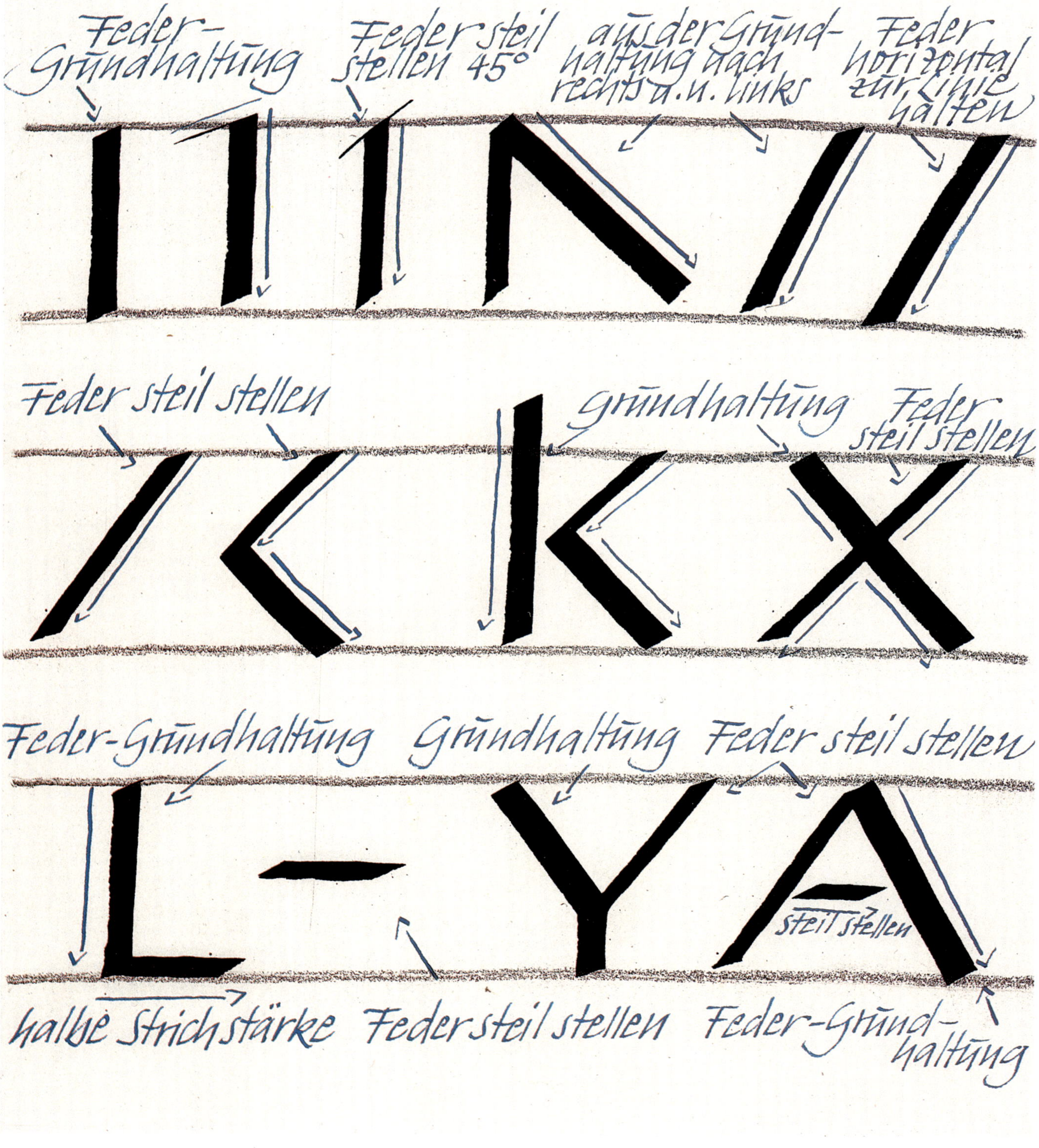
Feder-Grundhaltung
Federsteil stellen 45°
aus der Grundhaltung nach rechts u. u. links
Feder horizontal zur Linie halten
Feder steil stellen
Grundhaltung
Feder steil stellen
Feder-Grundhaltung
Grundhaltung
Feder steil stellen
steil stellen
halbe Strichstärke
Federsteil stellen
Feder-Grundhaltung

Feder auf die Kante stellen

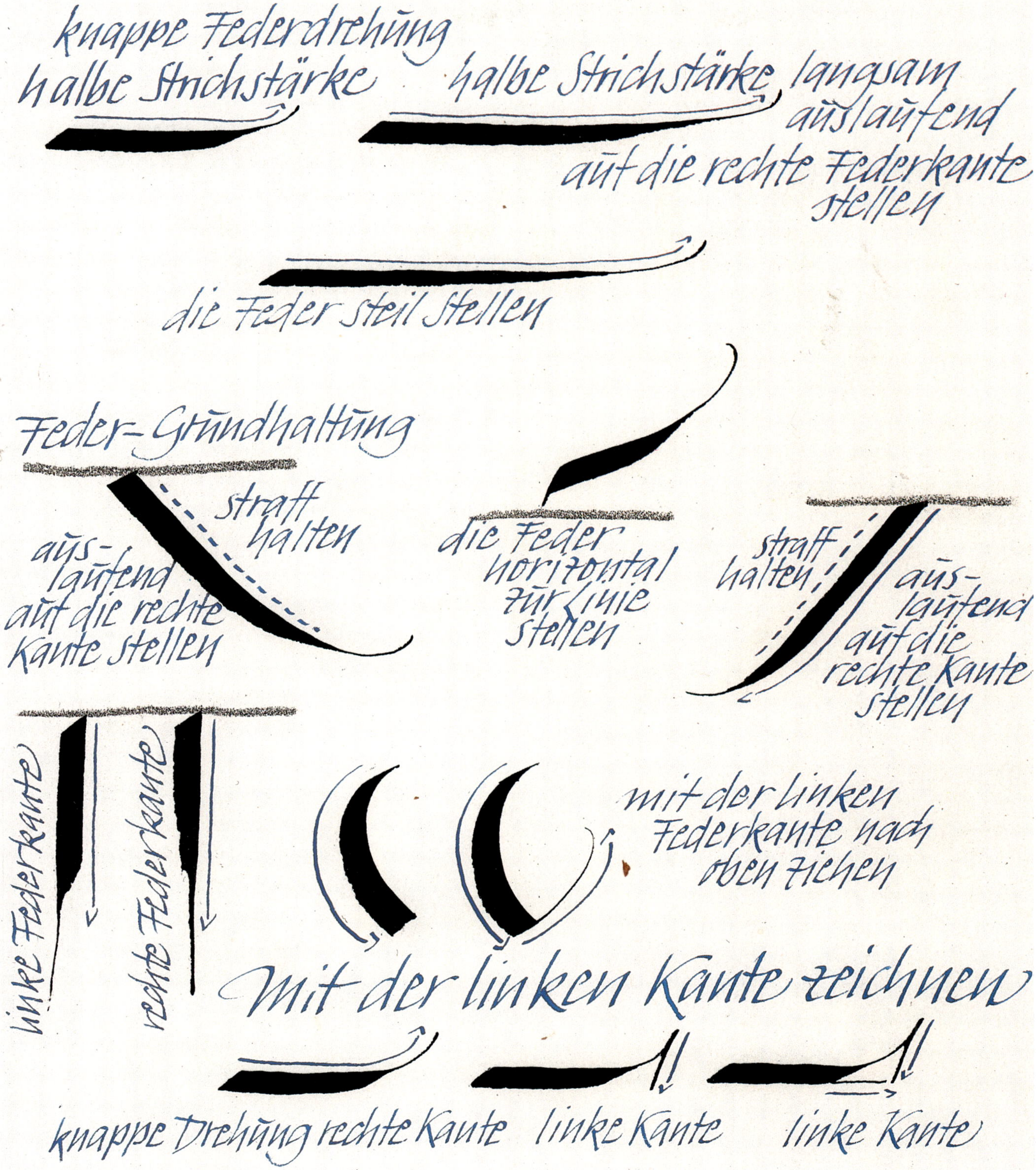

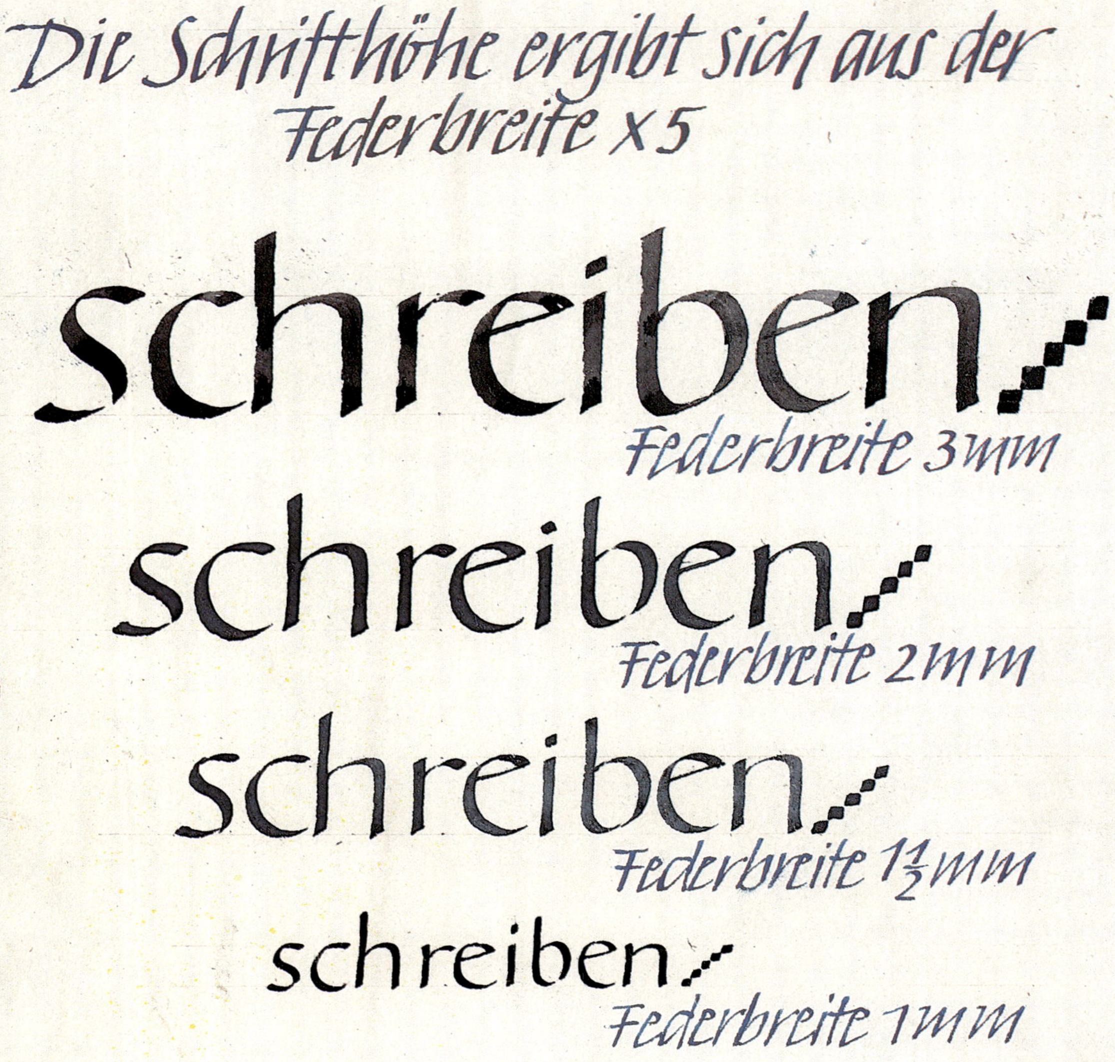

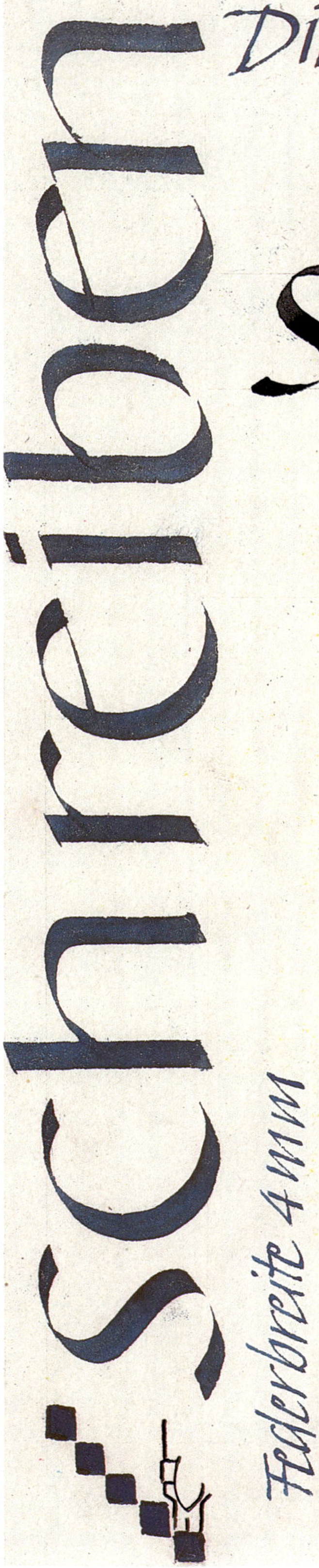

Mit Schrifthöhe ist der Abstand der beiden Hilfslinien gemeint, der den Kleinbuchstaben wie n, a und u entspricht. Ober- und Unterlängen werden nicht mitgerechnet.
Als Richtlinie gilt: Die Feder horizontal zur Grundlinie stellen und 5 Strichstärken nach oben gehen (s. Abb. auf dieser Seite).
Sowohl eine individuelle Schreibweise als auch eine bestimmte Wirkungsabsicht lassen Abweichungen bis zur Federbreite x7 zu. Die Beispiele auf der nächsten Seite zeigen, wie sich das Schriftbild aufgrund unterschiedlicher Schrifthöhen und Schriftbreiten verändert. Hält man Innen- und Zwischenräume der Buchstaben enger, dominiert der Schwarzwert. Hält man den Innenraum der Buchstaben weiter, tritt der Strich zugunsten des Weißraumes zurück, man spricht auch vom umschriebenen Raum, und das Schriftbild wirkt luftiger.

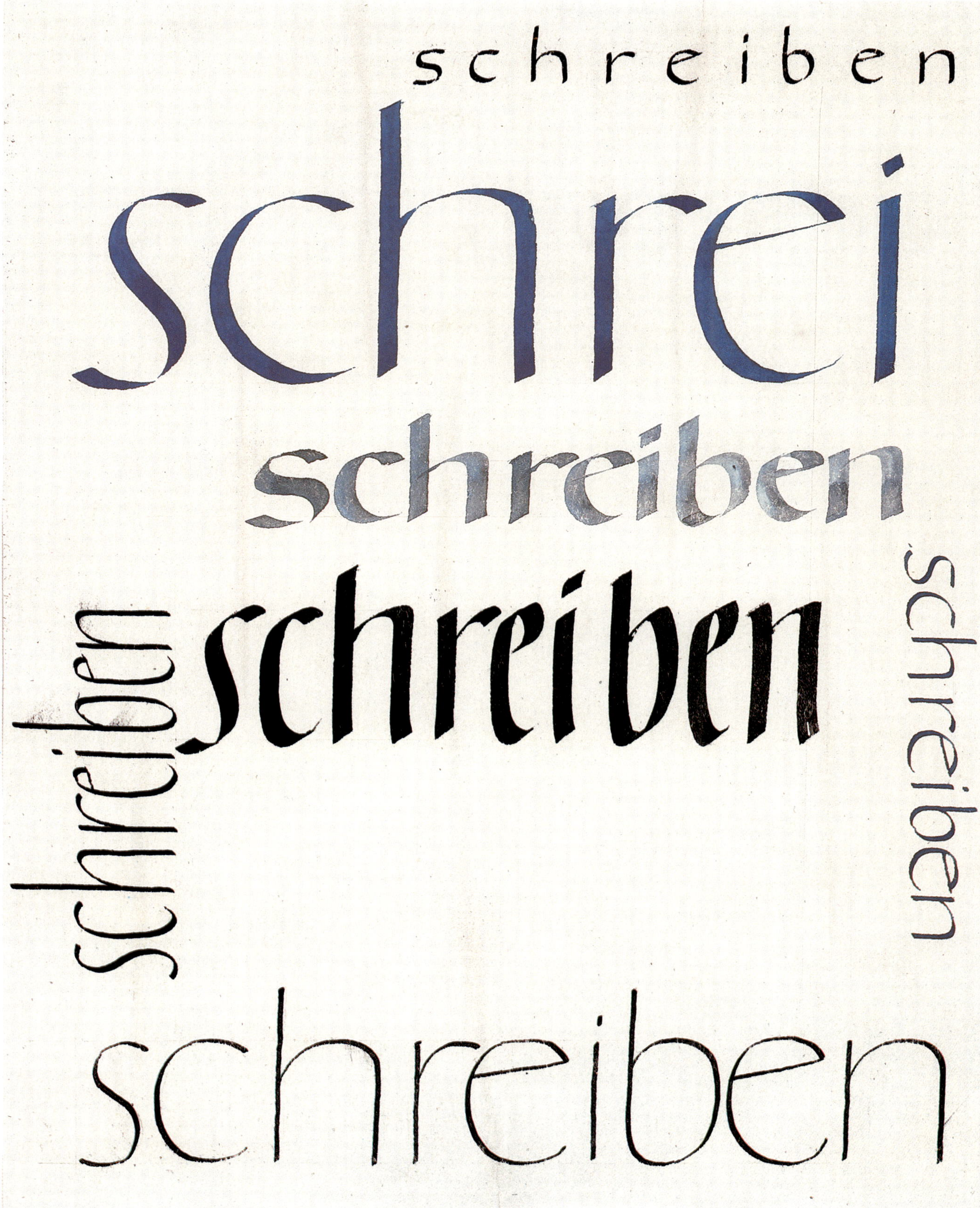
schreiben
schrei
schreiben
schreiben
schreiben
schreiben
schreiben

ANTIQUA kleinbuchstaben

»Der Anfänger täusche sich nicht darüber, daß ihm die Schönheit dieser Buchstaben vorerst nur teilweise aufgeht. Erst nach langem Studium begreift man, wie notwendig die Form dieser oder jener Zeile oder irgendeines Buchstabens ist.«
Tschichold

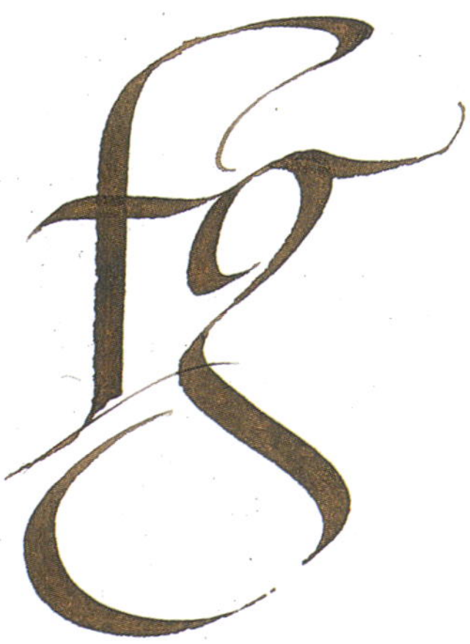

Der Beginn mit Antiqua-Kleinbuchstaben hilft, ein Gefühl und Bewußtsein für das Schreiben überhaupt zu entwickeln. Der strenge und klare Aufbau von Senkrechten, Rundungen und Bögen sowie der Verzicht auf Verzierungen schärfen den Blick des Laien für die Form des Einzelbuchstabens, für Zwischenräume, Wortabstände und das ganze Schriftbild. Der Abstand zwischen den Zeilen, auch Durchschuß genannt, wird von den Ober- und Unterlängen mitbestimmt. Die Antiqua-Kleinbuchstaben tragen daher zur Gesamtwirkung eines Schriftbildes erheblich bei. Zudem enthalten sie alle wesentlichen Grundzüge für die anderen Schriften. Obwohl die Kleinbuchstaben für sich geübt werden, finden sie ihre Verwendung nur in Verbindung mit den Großbuchstaben. Die Ziffern 1, 2, 0 haben die Höhe der Buchstaben, 3, 4, 5, 6, 7 und 9 bekommen $1/3$ der Höhe als Unterlänge dazu. Die 6 und 8 erhalten $1/2$ als Oberlänge. In der Abwechslung von Senkrechten, Rundungen, Bögen und den überleitenden An- und Endstrichen bildet sich jenes rhythmische und flüssige Schreiben aus, das die Voraussetzung jeder Kunsthandschrift ist. Am besten trainiert man dies an einem fortlaufenden Text, um ein Gefühl für den Fluß der individuellen Handschrift zu bekommen. Am besten einen Papierbogen DIN A2 besserer Qualität von oben bis unten und von Rand zu Rand mit der Federstärke 2 mm beschreiben, ohne Linien zu ziehen. Vorschlag: Mit Aquarellfarben schreiben, wobei zwei oder drei Farbtöne durch Zusatz von mehr oder weniger Wasser dunklere und hellere Farbtöne entstehen lassen. Das Schriftbild erhält Schattierungen und wirkt lebendiger. Diese Abwechslung bietet für den Anfänger einen zusätzlichen Reiz. Das wiederholte Schreiben des gleichen Buchstabens ist für den Anfänger keine Hilfe, denn der isolierte Buchstabe verführt zur Einschleifung bestimmter Fehler, die sich dann wiederholen und dem Schreibenden kaum mehr auffallen. Selbstverständlich muß die Einzelform immer wieder überprüft und korrigiert werden. Ein intensives Üben der Antiqua-Kleinbuchstaben erlaubt den Wechsel zur Kursivschrift, Fraktur oder einer individuellen Kunsthandschrift. Da die Antiqua-Versalien, das sind die Großbuchstaben, schwieriger sind, kann man ruhig erst eine andere Schrift einschieben, bevor damit begonnen wird.

abcdefg
hijklmnop
qrstuvw
xyz
ß-,:?!"&
1234567890

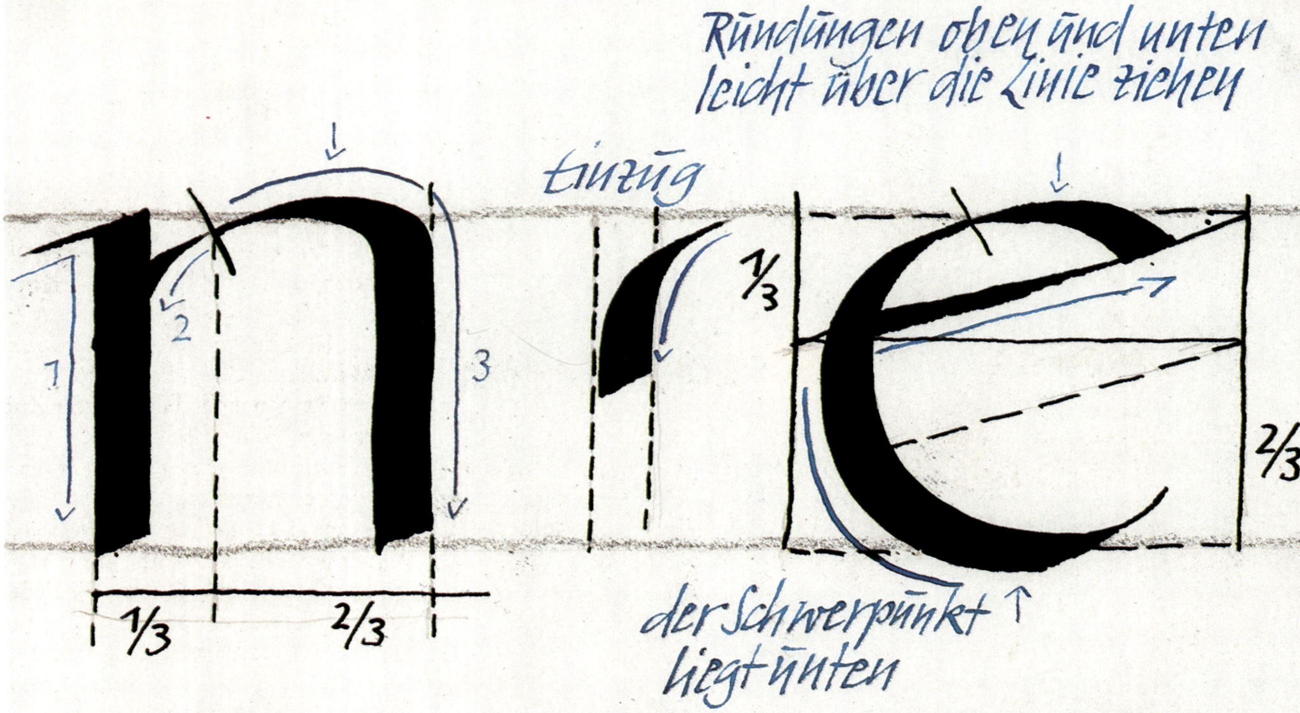

Der Kleinbuchstabe n: Es wird mit dem Buchstaben n begonnen. Warum gerade mit diesem? Er lebt von der Spannung zwischen den Elementen Senkrechte und Rundung.
Zug 1 Vom Anstrich in die Senkrechte nach unten ziehen.
Zug 2 Einzug in die Senkrechte, vergleichbar der Verankerung eines Brükkenbogens.
Zug 3 Er berührt Zug 2 nur ganz leicht. Am Anfang besser eine Lücke lassen, das Auge schließt den Bogen. Dieses Detail, das Aneinanderstoßen von zwei Linien, ist wichtig. Es wiederholt sich auch in anderen Schriften. Die Elemente der Buchstaben a, e, f, g, h, n lassen sich auf dem Verhältnis 1/3 : 2/3 aufbauen. Die abgebildeten Buchstaben h, m, r bauen sich auf der Konstruktion des n auf.

Der Kleinbuchstabe e: **Zug 1** Aus der Federgrundhaltung in die Rundungen ziehen, wobei der Schwerpunkt auf der Grundlinie liegt.
Zug 2 Schließt wie beim n zart an Zug 1 an. Zieht man Zug 2 bis zur Endung von Zug 1, erhält man die o-Form. Sie setzt sich aus 2 Halbkreisen zusammen, durch deren Berührungspunkte die Schrägachse verläuft.
Zug 3 Hier ist darauf zu achten, daß der Strich nicht zu dünn gerät. Das ist zu erreichen, indem in den Strichansatz für die Schräglinie die aus Zug 1 noch nicht getrocknete Tusche mitgezogen wird. Wie das n baut sich das e auf dem Verhältnis 1/3 : 2/3 auf.

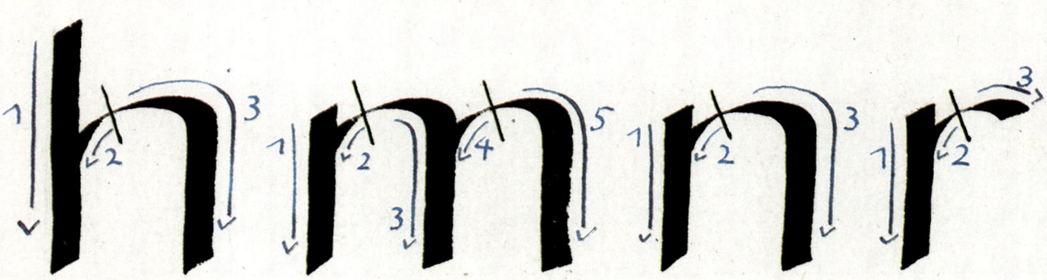

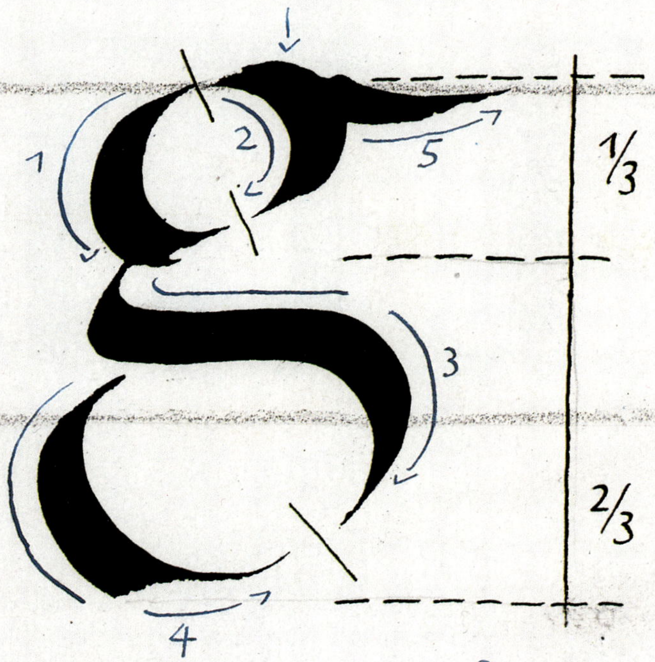

Der Kleinbuchstabe g: Das Köpfchen des g, dessen Schrägachse wie beim o verläuft, steht zum Bauch im Verhältnis 1/3 : 2/3. **Zug 3** Vergleiche S. 36 Nr. 12, Grundzüge für die Bandzugfeder. Wird die Federhaltung nicht geändert, erhält man nicht die für diesen Zug notwendige volle Federbreite. Die Buchstaben b, d, p, q sollen möglichst oval gezogen werden, damit sich der Strich der Einzüge knapp an die Senkrechten anschmiegt. Bei p und q wird der Zug 4 nur erreicht, indem die Feder während des Zuges rasch auf die rechte Federkante gestellt wird. Für alle Rundungen gilt: Oben und unten leicht über die Linien ziehen.

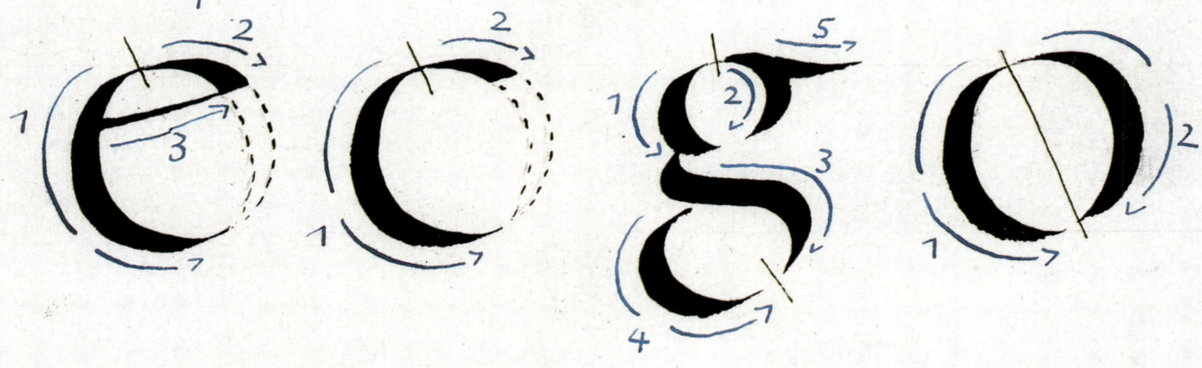

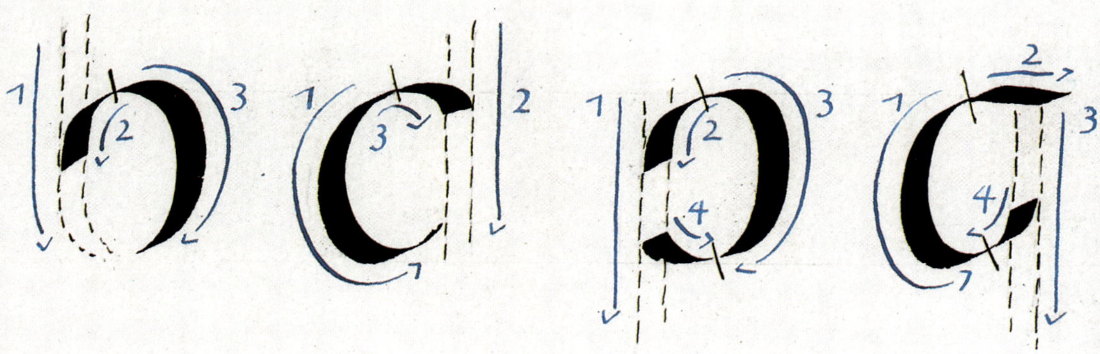

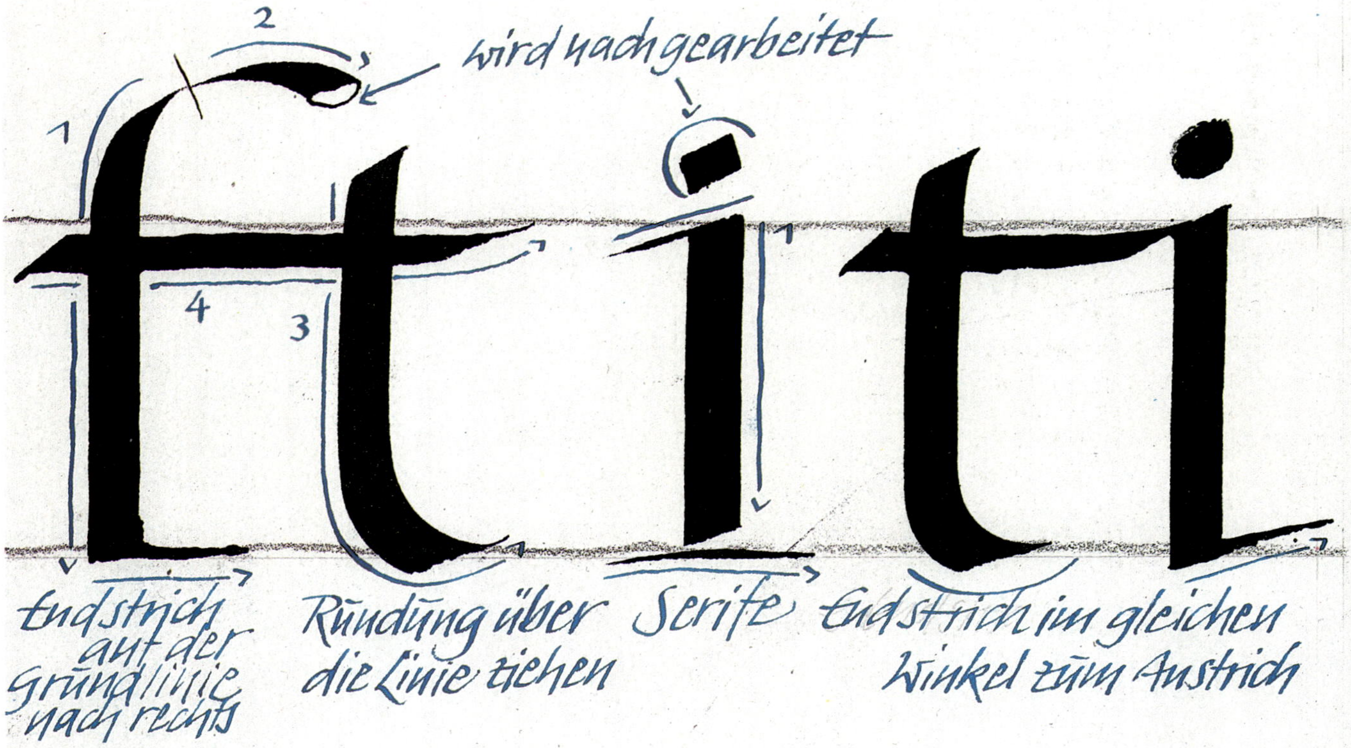

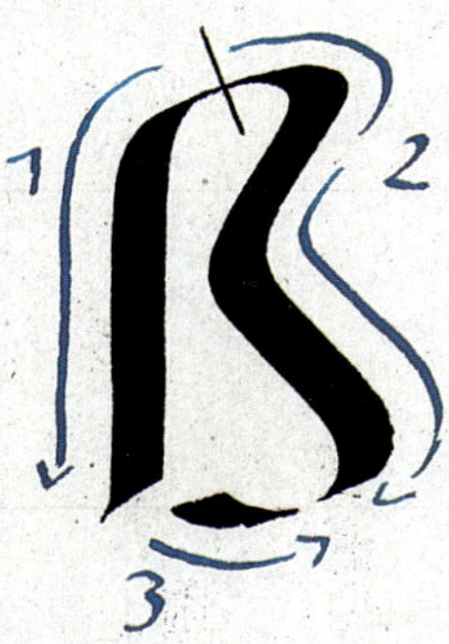

Die Kleinbuchstaben f und t: Der Querstrich von f und t wird unterhalb der oberen Schriftlinie gezogen. Bei Doppel-f und Doppel-t den Querstrich durchziehen. Damit die Querstriche nicht zu dick ausfallen, die Feder etwas steiler stellen. Schließen f und t ein Wort ab, die Feder auslaufend auf die rechte Kante stellen. Wenn möglich (s. ti) den Querstrich mit dem nächsten Buchstaben verbinden. Dadurch wird das Schriftbild ruhiger. Der Abschluß von Zug 3 beim f kann mit Hilfe der linken Federkante zu einem Tropfen nachgearbeitet werden. Dies gilt auch für a, s, j und y. Der I-Punkt und die Pünktchen der Buchstaben j, ä, ö und ü können nachträglich leicht abgerundet werden.

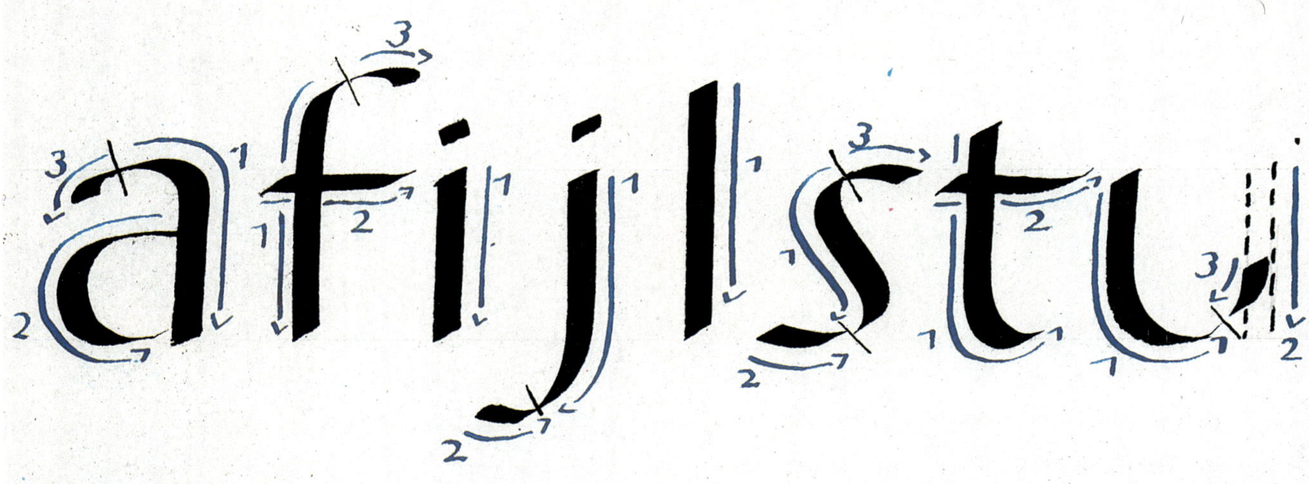

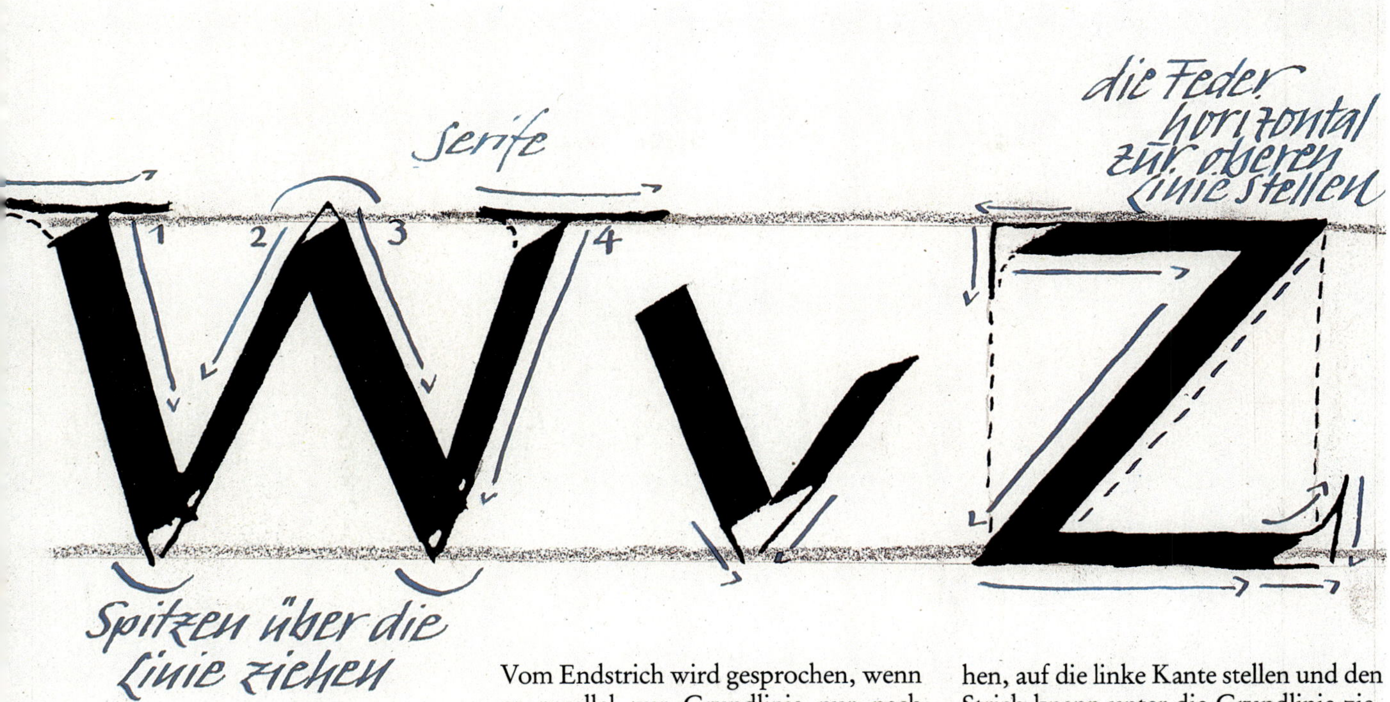

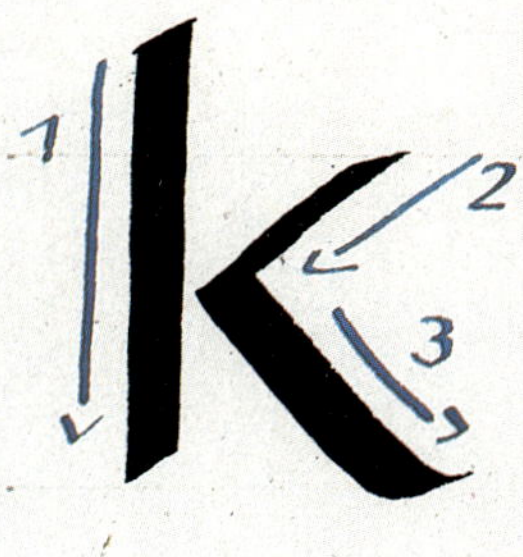

Vom Endstrich wird gesprochen, wenn er parallel zur Grundlinie nur nach rechts oder im gleichen Winkel zum Anstrich gezogen wird. Der durchgezogene Strich wird Serife genannt. Waren die bisherigen Kleinbuchstaben durch Senkrechte, Bögen und Rundungen charakterisiert, kommen nun wechselnde Strichstärken, der Wechselzug, hinzu.

Der Kleinbuchstabe w: **Zug 1** Wird aus der Federgrundhaltung schräg zur Grundlinie gezogen, wobei kurz vor der Grundlinie die Feder auf die linke Kante gestellt wird und der Strich knapp unter der Grundlinie endet. **Zug 2** Feder steil stellen, auf Zug 1 ziehen, auf die linke Kante stellen und den Strich knapp unter die Grundlinie ziehen. Die entsprechende Spitze mit der linken Federkante ausfüllen. In **Zug 3** und **4** werden diese Züge wiederholt. Um die obere Spitze des w zu vollenden, die Striche von Zug 2 und 3 mit der linken Federkante knapp über die obere Linie ziehen und ausmalen. Mit den Serifen auf der oberen Linie wird der Buchstabe abgeschlossen. Sie werden nach innen kürzer gehalten als nach außen. Die Feder grundsätzlich steil stellen, um einen dünnen Strich zu erlangen.

Sowohl Zug 1 und 2 als auch die Spitzenbildung des v entsprechen Zug 1 und 2 und der Spitzenbildung des w.

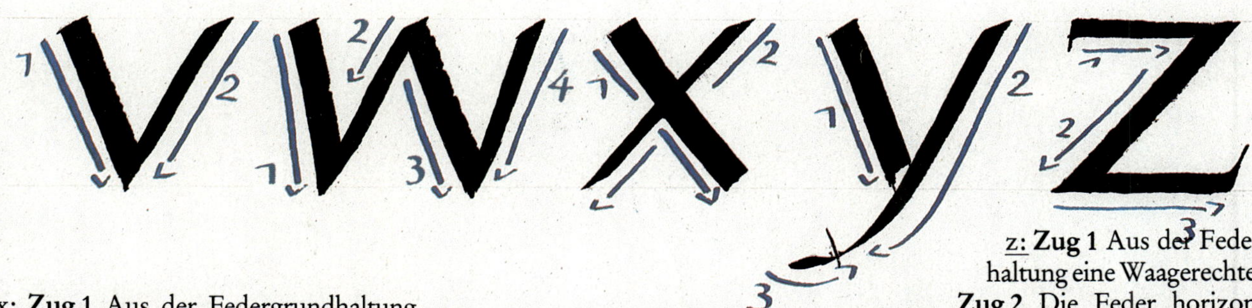

x: **Zug 1** Aus der Federgrundhaltung schräg nach rechts unten ziehen. **Zug 2** Feder steil stellen.

y: **Zug 1** und **2** Aus der Federgrundhaltung ziehen.

z: **Zug 1** Aus der Federgrundhaltung eine Waagerechte ziehen. **Zug 2** Die Feder horizontal zur oberen Linie stellen und eine Diagonale ziehen. **Zug 3** Wie Zug 1.

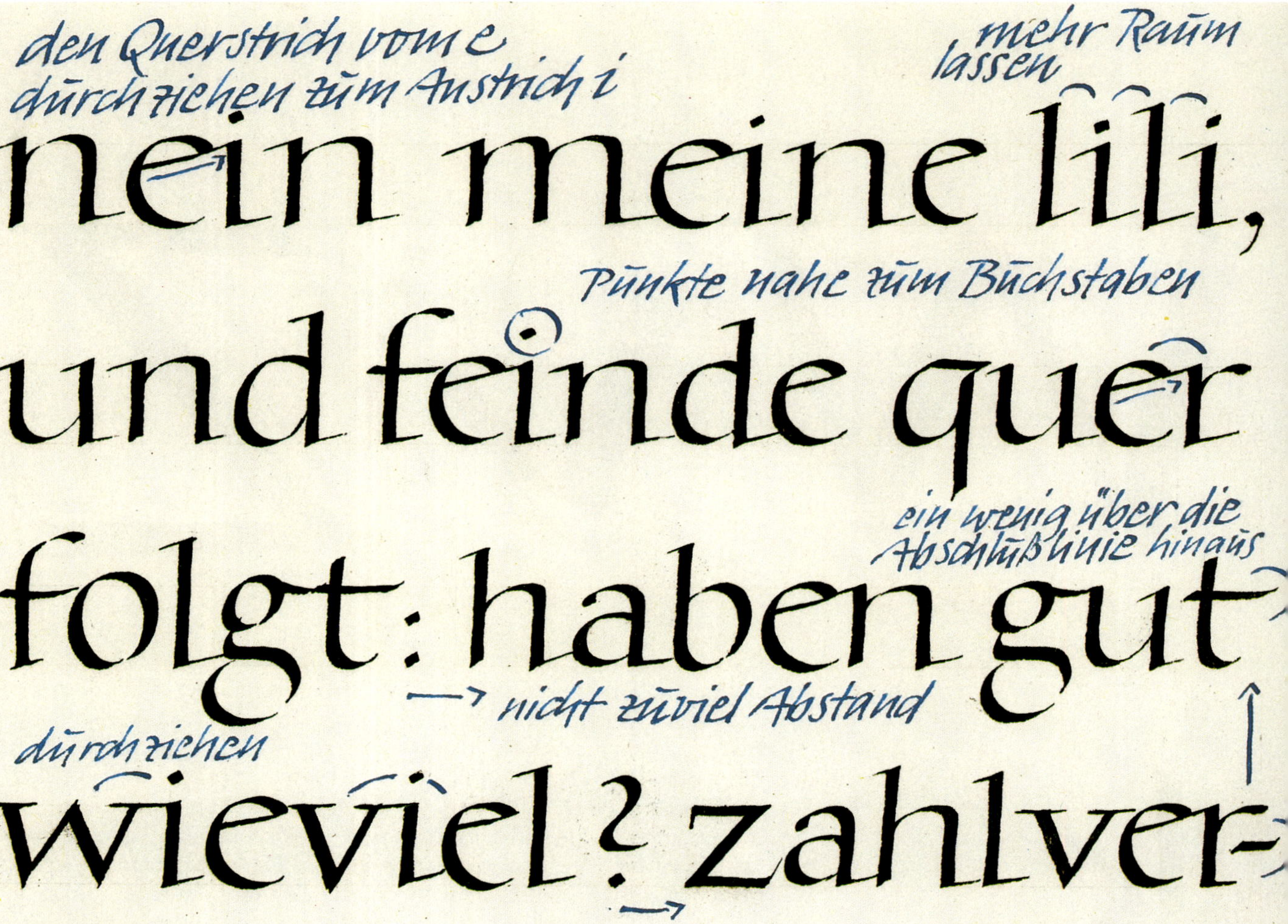

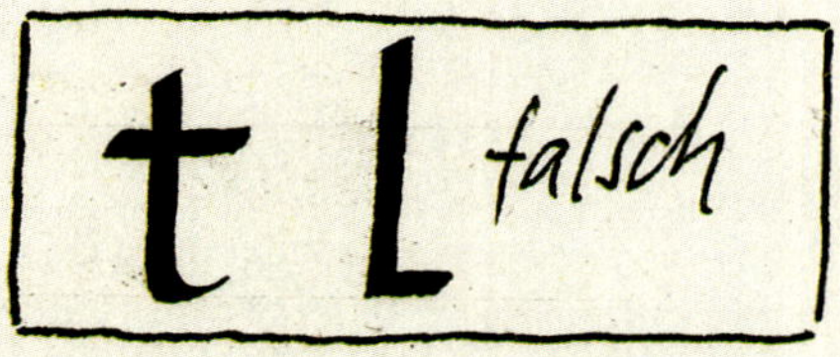

Vor den ersten Schreibübungen empfiehlt es sich, ein großes Blatt Papier zu nehmen, einen Federhalter mit der Breitzugfeder 8 mm und die Federhaltung ausprobieren. Dann die ersten Strichübungen nach rechts, links, waagerecht und senkrecht machen. Dann sollte mit dem n gestartet werden, wobei die Striche ganz locker und spielerisch auf dem Blatt verteilt werden. Im nächsten Schritt wechseln Sie von der Breitzugfeder zur Bandzugfeder 3 mm und ziehen Hilfslinien in Abständen von 15 mm. Es ist leichter, die vorliegende Übung zunächst auf die erste Zeile zu beschränken, also mehrere Blätter mit den vorgegebenen Worten beschreiben. Versuchen Sie darauf zu achten, daß der Endstrich eines Buchstabens zum nachfolgenden hinführt.

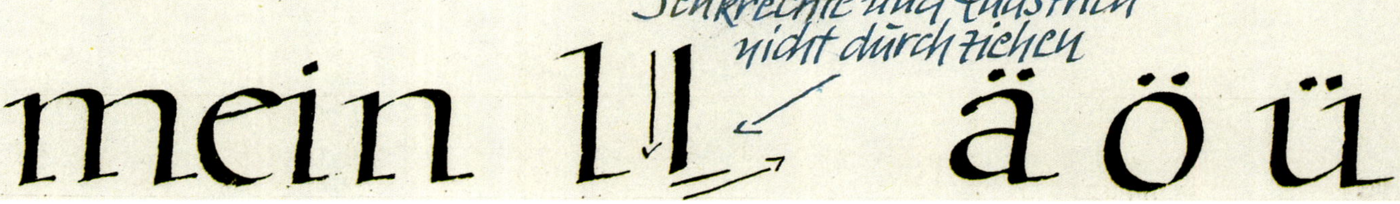

Wortabstände nicht zu weit auseinander

niemehr in ein!

nicht zu weit

die form,-pinie

mehr Abstand

blieb schon allen

c an das h binden

trag kopf stoßen.

Am Anfang ruhig übertreiben. Dies erleichtert, die Räume zwischen den Buchstaben auszugleichen. Es entstehen Zeilenbänder. Senkrechte und Endstrich nicht durchziehen. Den Endstrich, das gilt auch für die Serife, neu ansetzen, dabei die Feder etwas steiler stellen, um einen dünnen Strich zu erzielen. Abgesehen vom e leiten sich diese Buchstaben aus dem n ab. Die Zeilen 2 bis 4 bieten Wortbeispiele an, die das Alphabet erweitern. Haben Sie mit der 3-mm-Feder genügend Sicherheit in den Übungen gewonnen und das gesamte Alphabet durchgearbeitet, sollten Sie die 2-mm-Feder benutzen, die Sie in Zukunft beim ständigen Verfeinern Ihrer Fertigkeiten im Textschreiben begleitet.

Hinsichtlich der Endstriche ist darauf zu achten, daß die gewählte Form entweder im Winkel zum Anstrich oder parallel zur Grundlinie durchgehalten wird. Bei Überschriften, kürzeren Texten wie Glückwunschkarten und Urkunden werden die Endstriche zu Serifen durchgezogen.

tanne mole nein

dem fertigen traute er nicht.
"anfangen, anfangen immer wieder
mit ernst anfangen," – so mahnte er
seine schüler. er wollte grundlagen
schaffen und sichern. das phantasie-
volle bemühen war ihm wichtiger
als frühe fertigkeit. kunstwerk kann
nur sein was lebt. leben kann nur
was wächst und bewegt ist.
in dieser verherrlichung des wach-
senden liegt die erklärung für die
leidenschaftlichkeit von schneidlers
schreibübungen, wie er selbst sei-
ne versuche nannte.

Aus einem Brief von E. Schneidler

Ein Blatt ins Reine schreiben

Ein beliebiger Text wird zunächst vorgeschrieben, ohne auf Trennungen und Randausgleich zu achten. Anschließend wird er Zeile für Zeile auseinandergeschnitten und nach dem vorbereiteten Entwurf gelegt. Über die für die Endfassung vorgesehenen Hilfslinien werden die jeweiligen ausgeschnittenen Zeilen gelegt. Für die Hilfslinien einen nicht zu weichen Bleistift benutzen, nicht zu fest aufdrücken, um die Linien wieder mühelos ausradieren zu können. In der ersten Zeile sollte nie getrennt werden. Trennungen sollten nicht dreimal hintereinander vorkommen. Grundsätzlich gilt: So wenig wie möglich trennen. Der Abstand von Zeile zu Zeile, der Durchschuß, orientiert sich an der Zeilenhöhe. Im Textbeispiel auf der linken Seite beträgt diese 5 mm, der Durchschuß 10 mm, die Federbreite 1 mm.
Ehe mit dem Schreiben begonnen wird, ein Blatt Papier unter die schreibende Hand legen, um den Bogen vor Schweißabsonderungen zu schützen. Die Tusche wird sonst nämlich nicht mehr vom Papier angenommen. Empfehlenswert ist ein weiteres Blatt Papier, um überflüssige Tusche abstreifen zu können. Kommt es dennoch zu einem Klecks oder zu einer Verschreibung, nimmt man eine frische Rasierklinge zwischen Daumen, Zeige- und Mittelfinger und setzt sie vorsichtig wie einen Hobel am Papier an. Um möglichst wenig Papier zu verletzen, beschränkt sich der »Hobel« auf den falschen Buchstaben oder Klecks. Dann wird die Korrekturstelle und ihr Umfeld mit einem Blatt Papier der gleichen Sorte »geschmirgelt«. Zum Schluß die Fläche mit dem Daumennagel glätten.

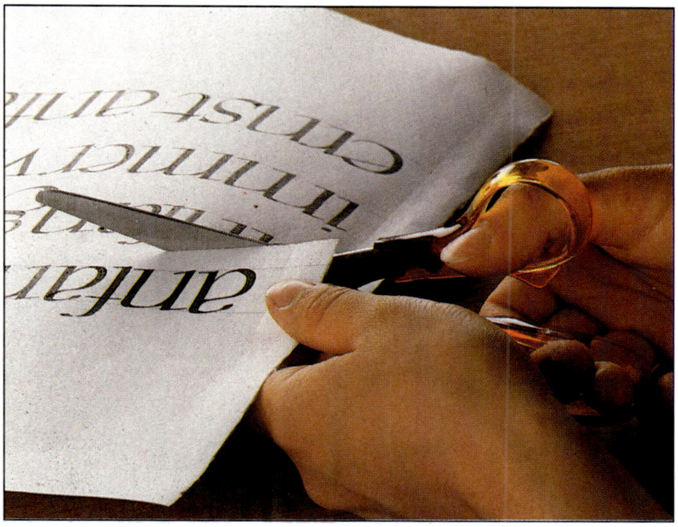

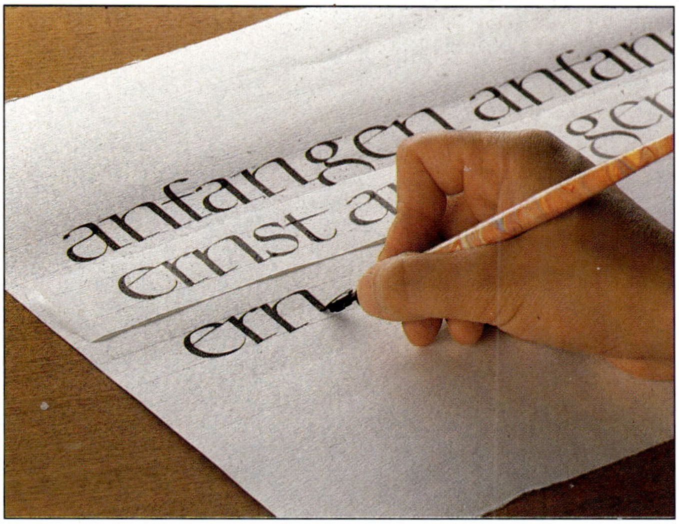

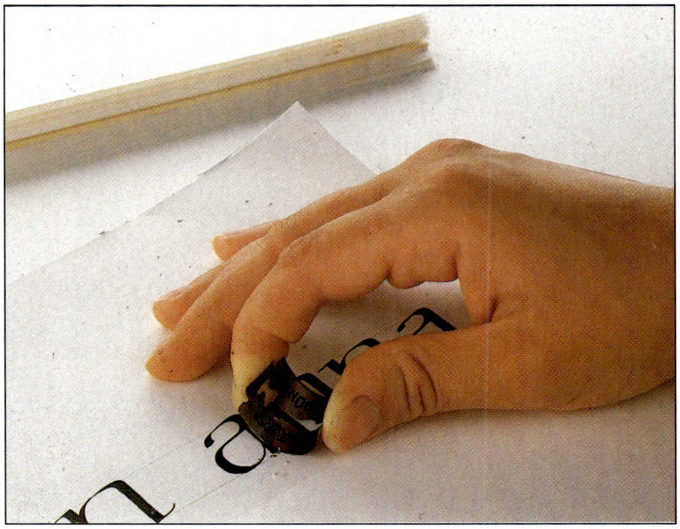

Der vorgeschriebene Text wird Zeile für Zeile ausgeschnitten. Die entsprechende Schriftzeile wird über die zu schreibende Zeile gelegt. So hat man den genauen Stand. Fehler können mit einer dünnen Rasierklinge korrigiert werden.

Vorschläge zur Gestaltung eines Textes

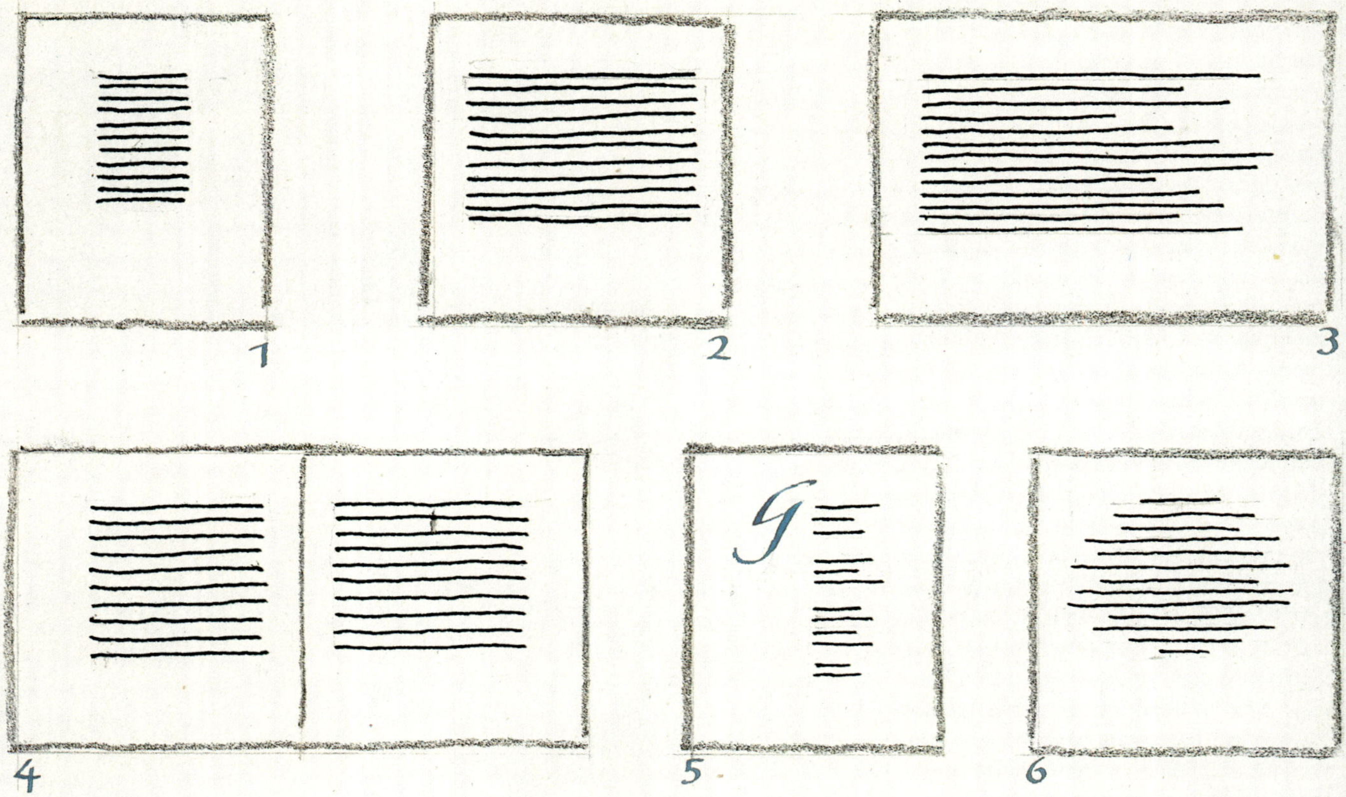

Der goldene Schnitt

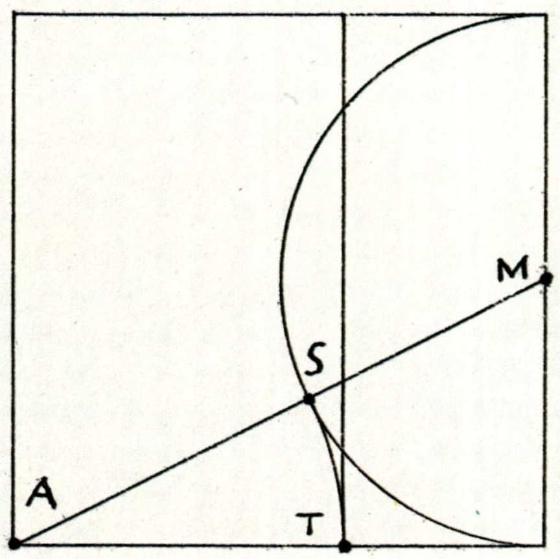

1 Quadrat zeichnen und Mitte der Seitenlinie M eintragen. **2** Halbkreis um M schlagen. **3** Punkt A mit Punkt M verbinden. **4** Kreis mit dem Radius A–S um den Punkt A nach unten schlagen. **5** Die Strecke A–T ist die gesuchte Textbreite, die zur Texthöhe im Verhältnis des Goldenen Schnittes (1:1,618) steht.

Anwendung: Das Format, Höhe × Breite, eines Textblockes, einer Buchseite oder von Textblock und Buchseite zugleich kann im Verhältnis des Goldenen Schnittes gewählt werden.

Gestaltung eines Textes:

Abb. 1. Schmaler Textblock mit viel Weißraum.

Abb. 2. Textblock mit schmal gehaltenen Seitenrändern.

Abb. 3. Flattersatz: die Zeilen haben nach rechts unterschiedliche Längen, links bündig.

Abb. 4. Eine Buchseite.

Abb. 5. Die Mittelachse des Bildes ist leicht nach rechts verschoben, um Raum für einen geschwungenen Anfangsbuchstaben zu gewinnen.

Abb. 6. Flattersatz auf Mitte.

dem fertigen traute er nicht."anfangen, anfangen, immer wieder mit ernst anfangen,"-so mahnte er seine

Bei langen Schriftzeilen erhöht ein größerer Durchschuß die Lesbarkeit. Für kürzere Zeilen gilt das Gegenteil. Eine Zeile benötigt mindestens 5 Worte. Längere Zeilen haben den Vorteil, daß weniger Trennungen nötig sind.
Ein geringerer Weißraum suggeriert ein gedrungenes Schriftbild mit einem größeren Schwarzwert. Ein größerer Weißraum läßt die Schrift heller erscheinen. Also: Der nicht beschriebene Raum spricht immer mit.
Die Beispiele auf Seite 54 zeigen unterschiedliche Möglichkeiten, einen Text zu gestalten. Bei allen Texten ist der Abstand zum unteren Rand größer als der zum oberen und zu den Seitenrändern. Man spricht deshalb von der optischen Mitte, die nicht der mathematischen entspricht. Dadurch kann Spannung erzielt werden.

dem fertigen traute er nicht. anfangen, anfangen, immer

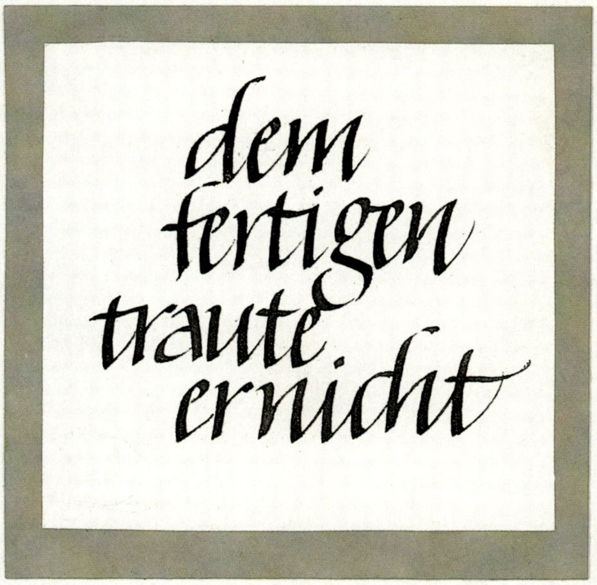

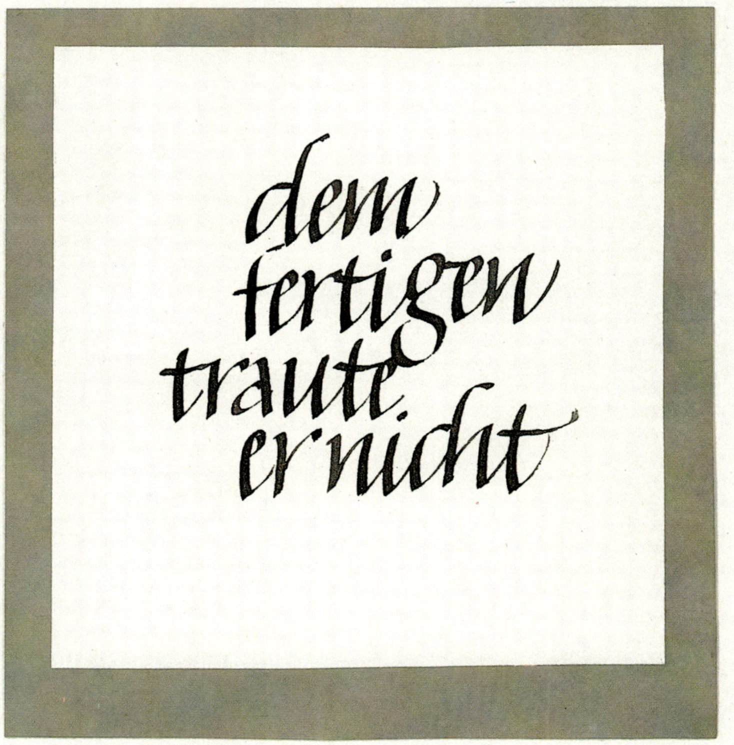

ANTIQUA VERSALIEN

Die Großbuchstaben haben ihren Ursprung in der römischen Capitalis quadrata. Wie aus dem Namen hervorgeht, entwickelte sie sich aus einem Quadrat (s. S. 64/65). Auch unter Verzicht auf Kleinbuchstaben dient sie als universale Schrift. Der elegante Charakter der Versalien kommt besonders gut zum Ausdruck, wenn ihre Schrifthöhe 8- bis 10mal die Federbreite mißt. Ihr wesentliches Merkmal ist der Wechselzug. Zur Erinnerung: Die Feder, ohne Änderung der Grundhaltung von der Senkrechten in die Waagerechte gezogen, ergibt die halbe Strichstärke. Das gilt für die Buchstaben H, L und T. Bei den Buchstaben A, K, N, M, V, W, X und Y verändert sich die Federgrundhaltung und die Feder wird steil gestellt (ca. 45°). Das Z bildet eine Ausnahme, da die Diagonale, aus der Federgrundhaltung gezogen, nicht die ganze Strichstärke ergibt. Deshalb wird die Feder horizontal zur oberen Linie gehalten, um die volle Strichstärke zu bekom-

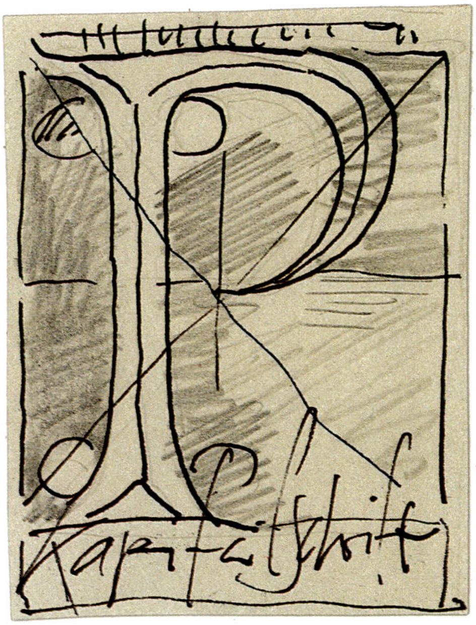

men. Die Buchstaben B, D, P, R und U bestehen aus Senkrechten und Rundungen, die alle aus der Federgrundhaltung gezogen werden. Die Buchstaben C, G, O und Q bauen sich auf dem Kreis auf. Das O wirkt besonders dann gelungen, wenn es auf beiden Seiten etwa um die Hälfte seiner Strichstärke über das Quadrat hinausgeht. Das S ist insofern ein schwieriger Buchstabe, als der obere Halbkreis kleiner als der untere ist. Nicht selten gerät es zu einem »Fleischerhaken«. Für die Versalien, die das Quadrat als Konstruktionsschema haben, ergeben sich folgende Proportionen: Die Hälfte des Quadrats nehmen die Buchstaben B, E, F, L, P, R und S ein; etwas mehr als 3/4 des Quadrats die Buchstaben H, K, N, T, U, X, Y und Z. Der Buchstabe M geht über das Quadrat nur leicht hinaus, während das W als breitester Buchstabe des Alphabets beträchtlich aus dem Quadrat heraustritt. In der Anwendung ergibt es sich aber durchaus, daß zum Beispiel der Querstrich des T kürzer gehalten wird, um einen optischen Ausgleich zu erreichen. Ziffern haben die gleiche Höhe wie die Versalien. Grundsätzlich ist jeder Großbuchstabe ein statisches Gebäude, was aber nicht heißen soll, Zirkel oder Winkel seien anzulegen. Abweichungen von den grundsätzlichen Proportionen führen allerdings unweigerlich zu einer verunglückten Form. Es erfordert viel Geduld und Übung, diesen Zusammenhang schreibend zu erfahren.

A B C D E F
G H I J K L
M N O P
Q R S T U V
W X Y Z
1 2 3 4 5 6 7
8 9 0

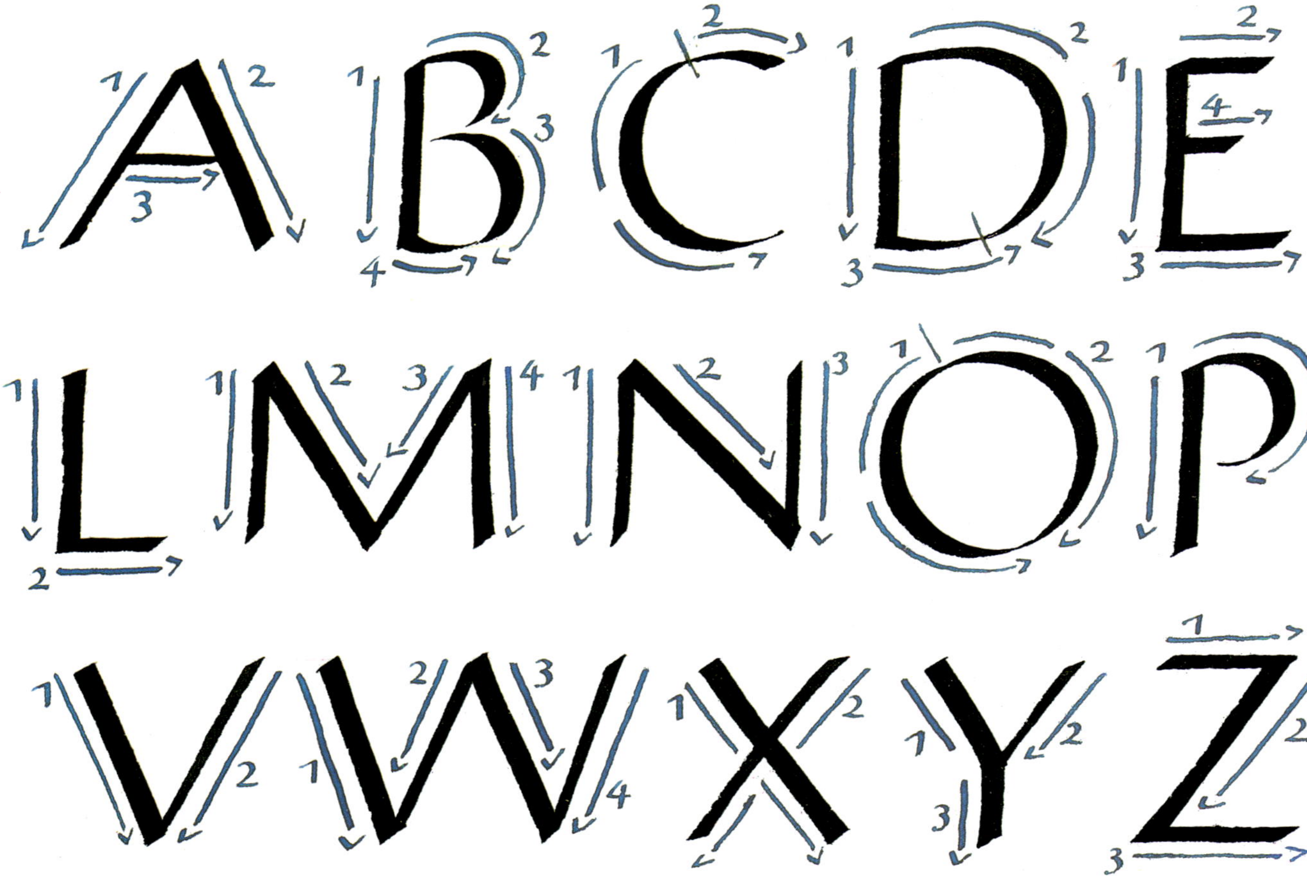

CAESAR LATIUM

HAMBURG KÖLN

NIL, FRANKFURT-

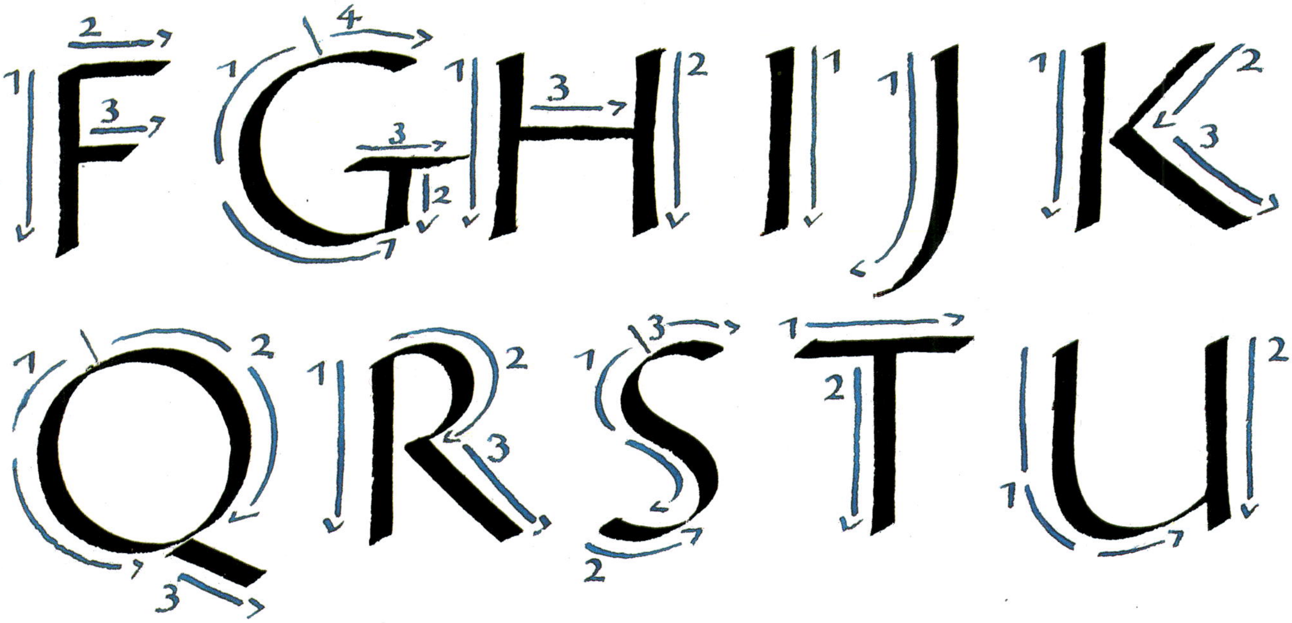

Da das Ausgleichen der Buchstaben eine wichtige und nicht ganz leichte Aufgabe ist, wird es hier an serifenlosen Versalien vorgeführt. Der große Raum, der zwischen CA oder LA entsteht, beeinflußt die Abstände zwischen den restlichen Buchstaben des Wortes. Der Raum zwischen zwei Senkrechten, etwa NI und IL, muß besonders weit gehalten werden, sonst entsteht ein zu starker Schwarzwert. Auch der Abstand zwischen den Worten sollte entsprechend weit gehalten werden. Ein schönes Schriftbild ergibt sich durch einen gering gehaltenen Durchschuß. Um scharfe Strichansätze und Abschlüsse zu erzielen, mit etwas mehr Druck beginnen, zur Mitte hin mit dem Druck nachlassen und gegen Ende wieder leicht verstärken. Rundungen sind über die Linien zu ziehen, da sie im Gesamtbild sonst zu eng wirken. Dabei ist zu beachten, daß beim B die obere Rundung kleiner ist als die untere. Bei den Buchstaben A, E und H liegen die Querstriche nicht auf der mathematischen, sondern auf der optischen oder oberen Mitte. Der Querstrich beim F liegt etwas tiefer. Beim K treffen sich die beiden Schrägen in der oberen Mitte. Zu J und Q ist zu bemerken, daß sie, abweichend von den anderen Großbuchstaben, über das Quadrat hinausführen. Ihr Schwung läßt dem Schreibenden einen gewissen Spielraum. Die Pünktchen der Umlaute möglichst dicht zum Buchstaben schreiben und ausrunden.

Serifen: Die geschriebenen Serifen erfordern sehr viel Übung. Grundsätzlich gilt: Während des Schreibens die Serifen mitziehen, solange die Tusche noch nicht abgetrocknet ist. So lassen sie sich dann nahtloser mit dem Buchstaben verbinden. Ist das Blatt zu Ende geschrieben, folgt die Serifennacharbeitung, die auch von der Größe des Buchstabens abhängt. Wenn es sich um Auszeichnungsschriften, also Überschriften oder Initiale handelt, betrifft das Nacharbeiten den ganzen Buchstaben. Die spitze Zeichenfeder ist dafür am besten geeignet. Sie ist vorsichtig zu handhaben. Lieber Pünktchen an Pünktchen setzen, um eine Linie zu schließen, als an dem Buchstaben herumstricheln. Seine ursprüngliche Form kann sonst sehr leicht verlorengehen (Beispiel S. 60/61).

Das Werkstattalphabet auf Seite 62/63 ist eine Studie, in spielerischer Absicht geschrieben mit der Breitzugfeder 6 mm. Das Schreiben der strengen Versalien wird aufgelockert durch den Wechsel von geschriebenen Balken und skizzierten Serifen. Das Graphische als ein Element der Kalligraphie deutet sich hier an.

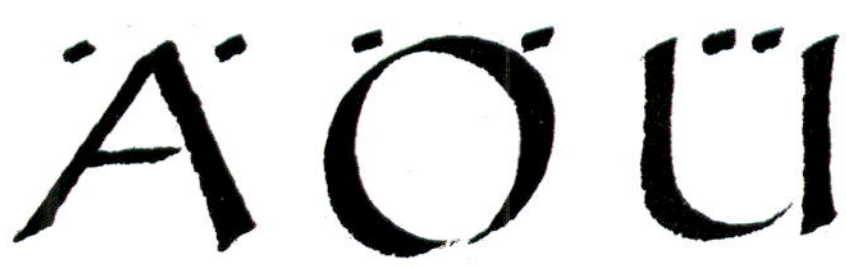

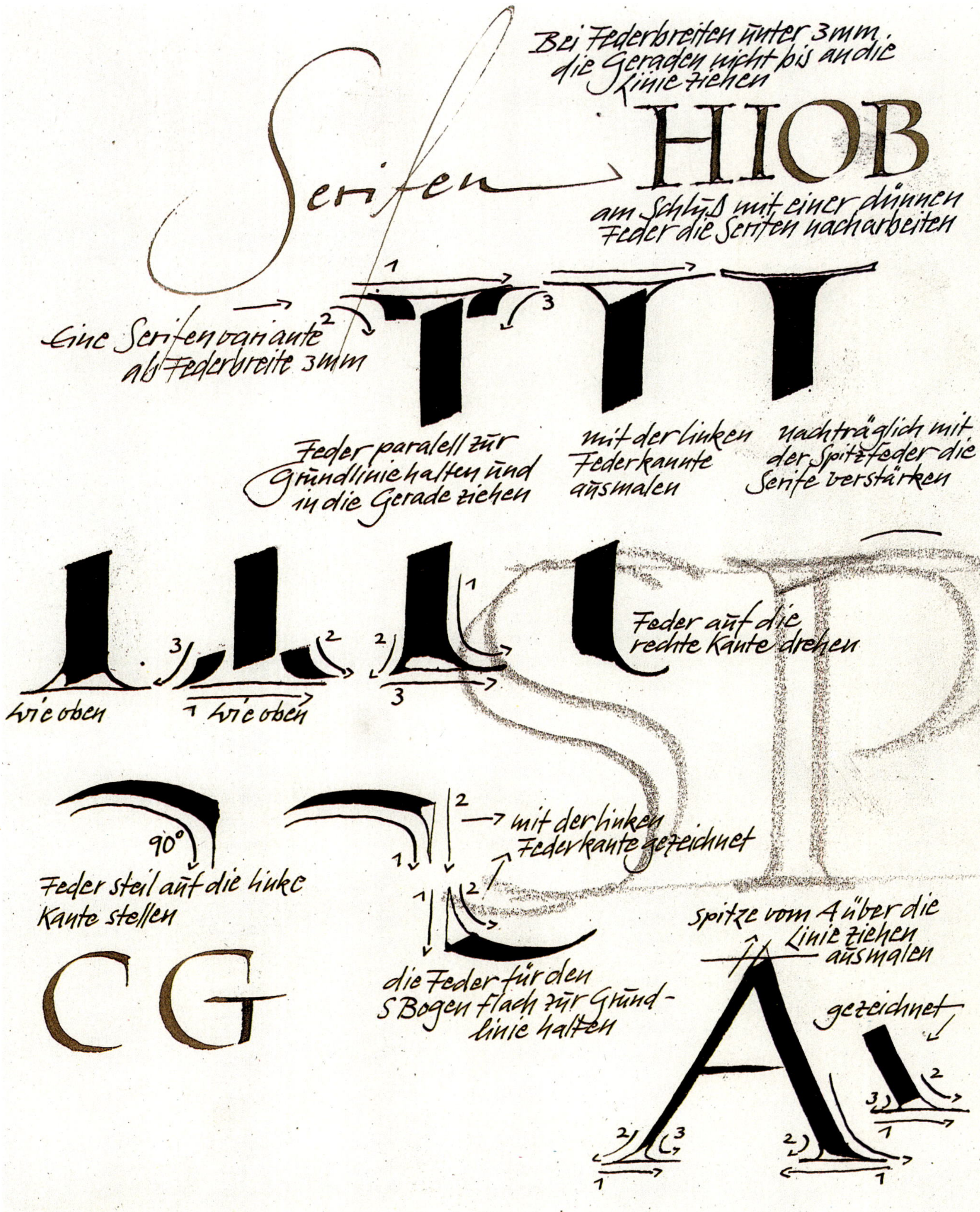
Bei Federbreiten unter 3mm die Geraden nicht bis an die Linie ziehen
Serifen
HIOB
am Schluß mit einer dünnen Feder die Serifen nacharbeiten
Eine Serifenvariante ab Federbreite 3mm
Feder paralell zur Grundlinie halten und in die Gerade ziehen
mit der linken Federkante ausmalen
nachträglich mit der Spitzfeder die Serife verstärken
Feder auf die rechte Kante drehen
wie oben
wie oben
90°
Feder steil auf die linke Kante stellen
mit der linken Federkante gezeichnet
CG
die Feder für den S Bogen flach zur Grundlinie halten
Spitze vom A über die Linie ziehen
ausmalen
gezeichnet
A

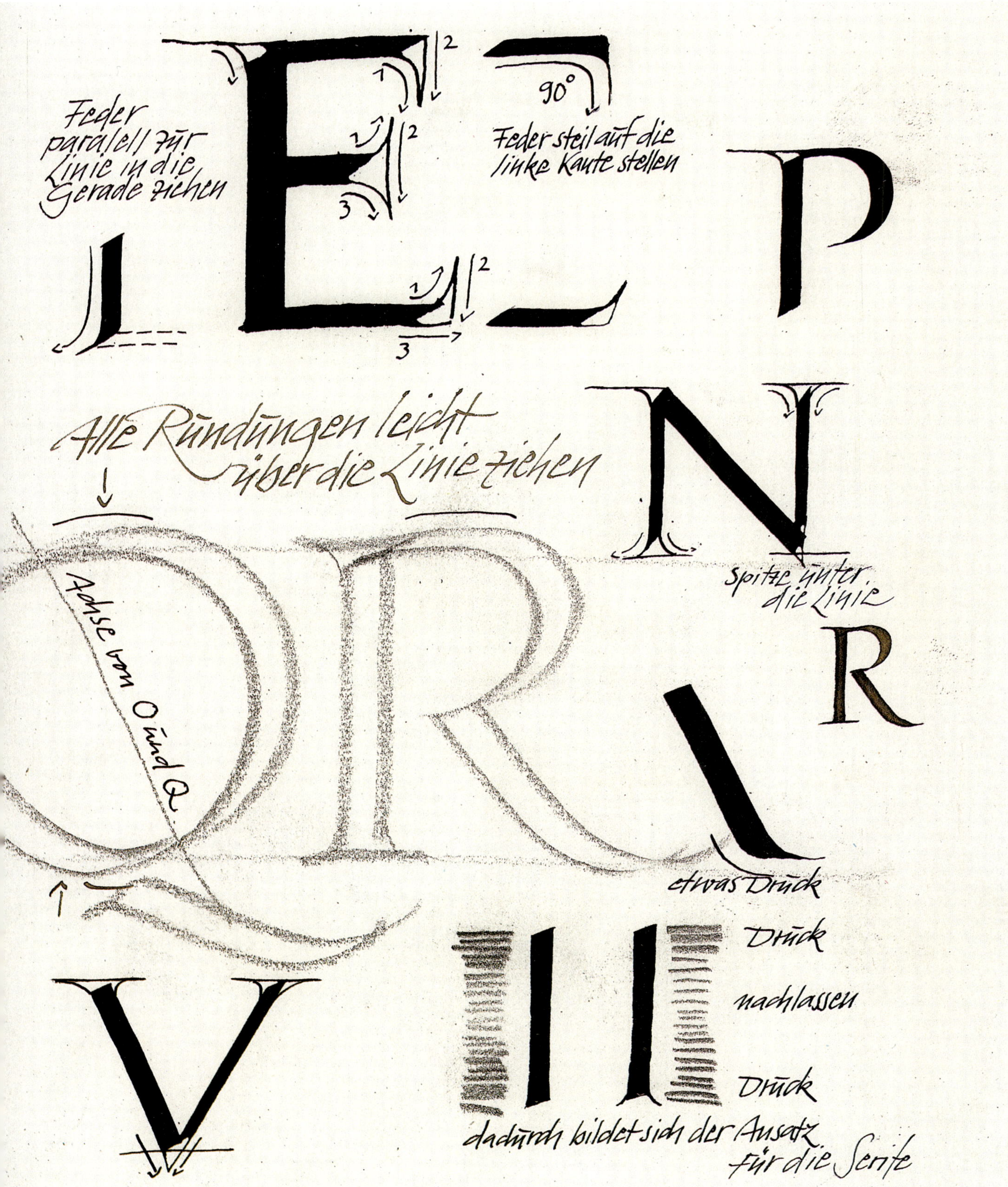
Feder paralell zur Linie in die Gerade ziehen
90°
Feder steil auf die linke Kante stellen
Alle Rundungen leicht über die Linie ziehen
Spitze unter die Linie
Achse von O und Q
etwas Druck
Druck
nachlassen
Druck
dadurch bildet sich der Ansatz für die Serife

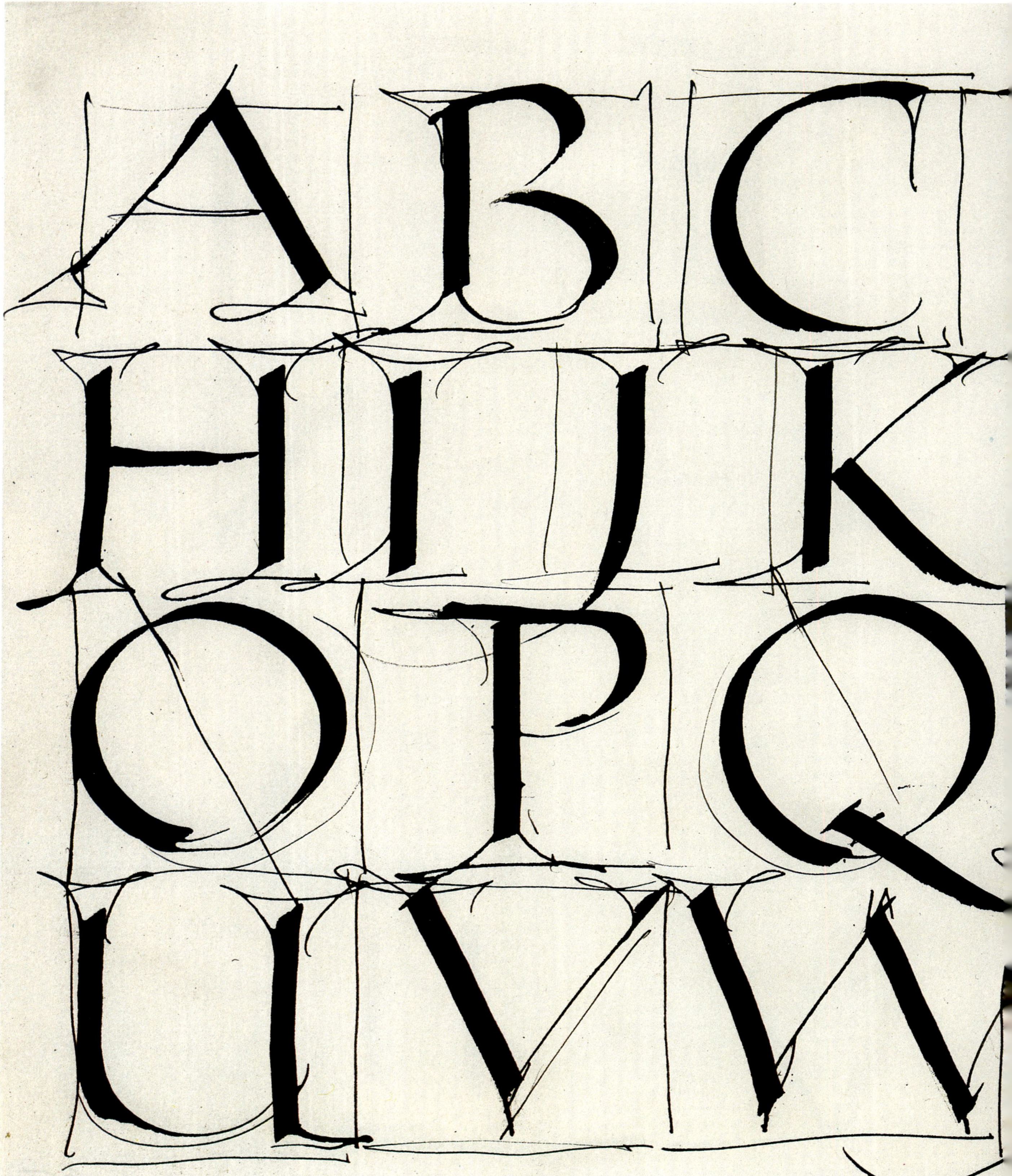
ABC
HIJK
OPQ
UVW

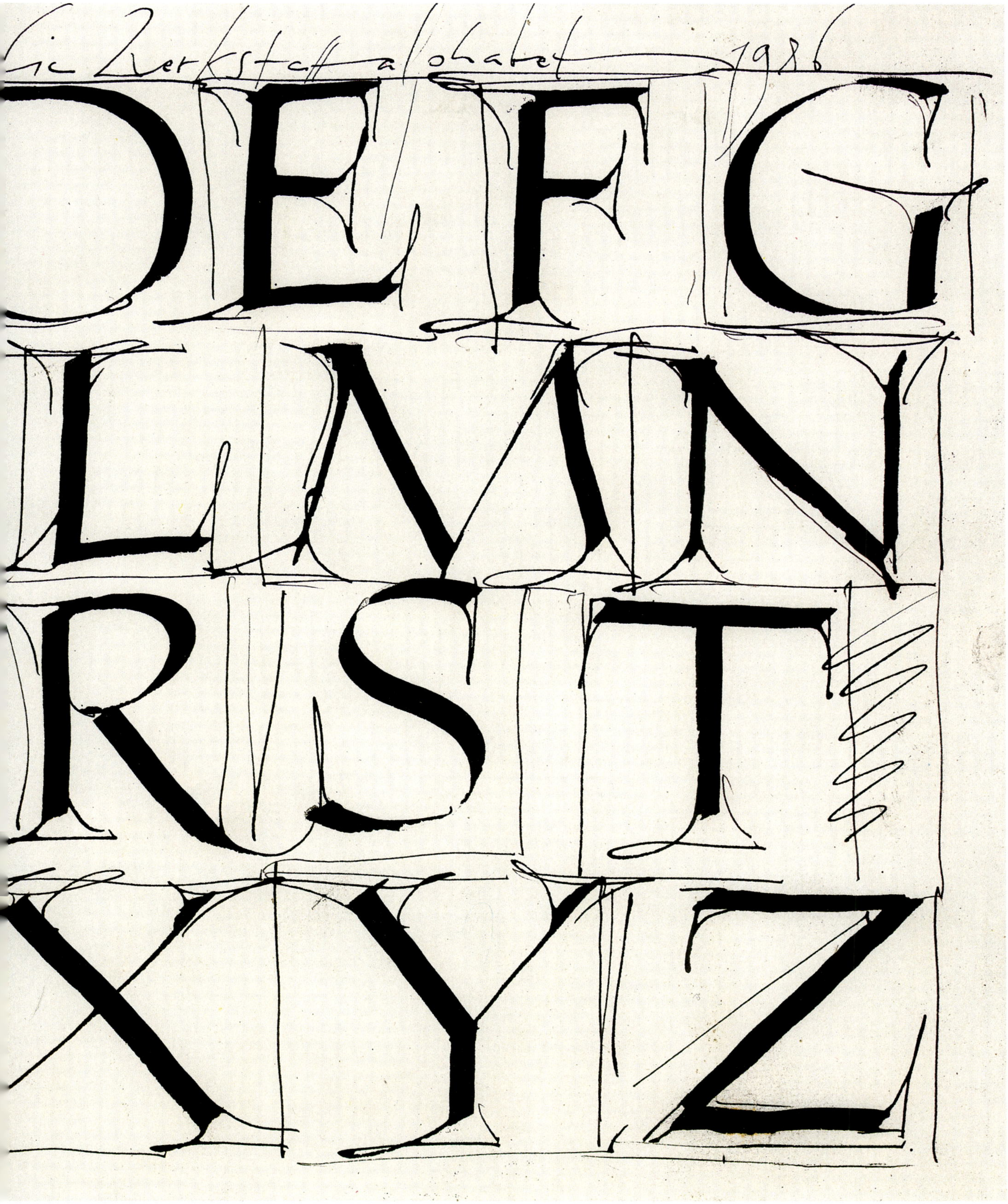
DEFG
LMN
RST
XYZ

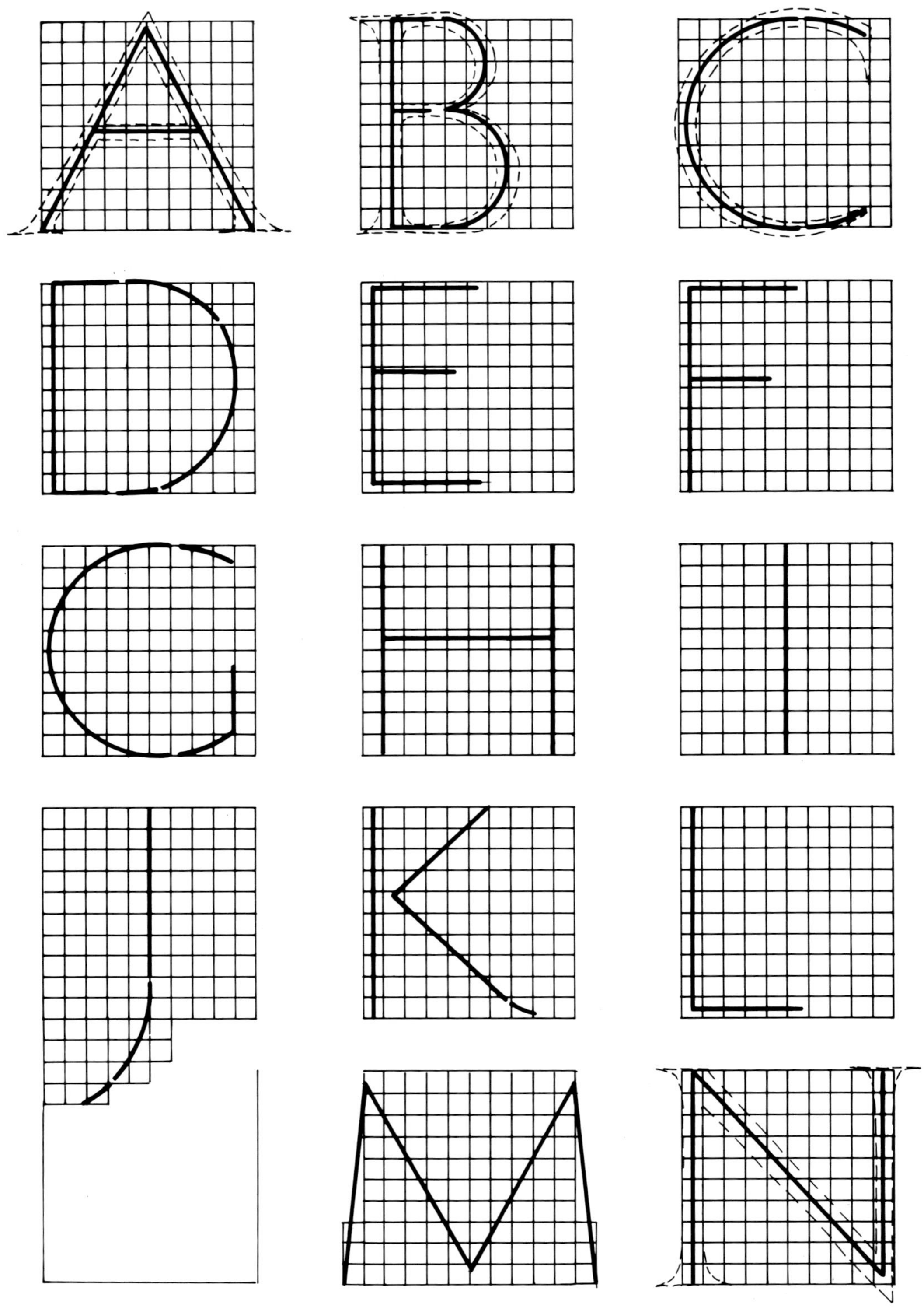

Konstruktion, J. Muess, Dipl.-Ing. (S. 64, 65, 66)

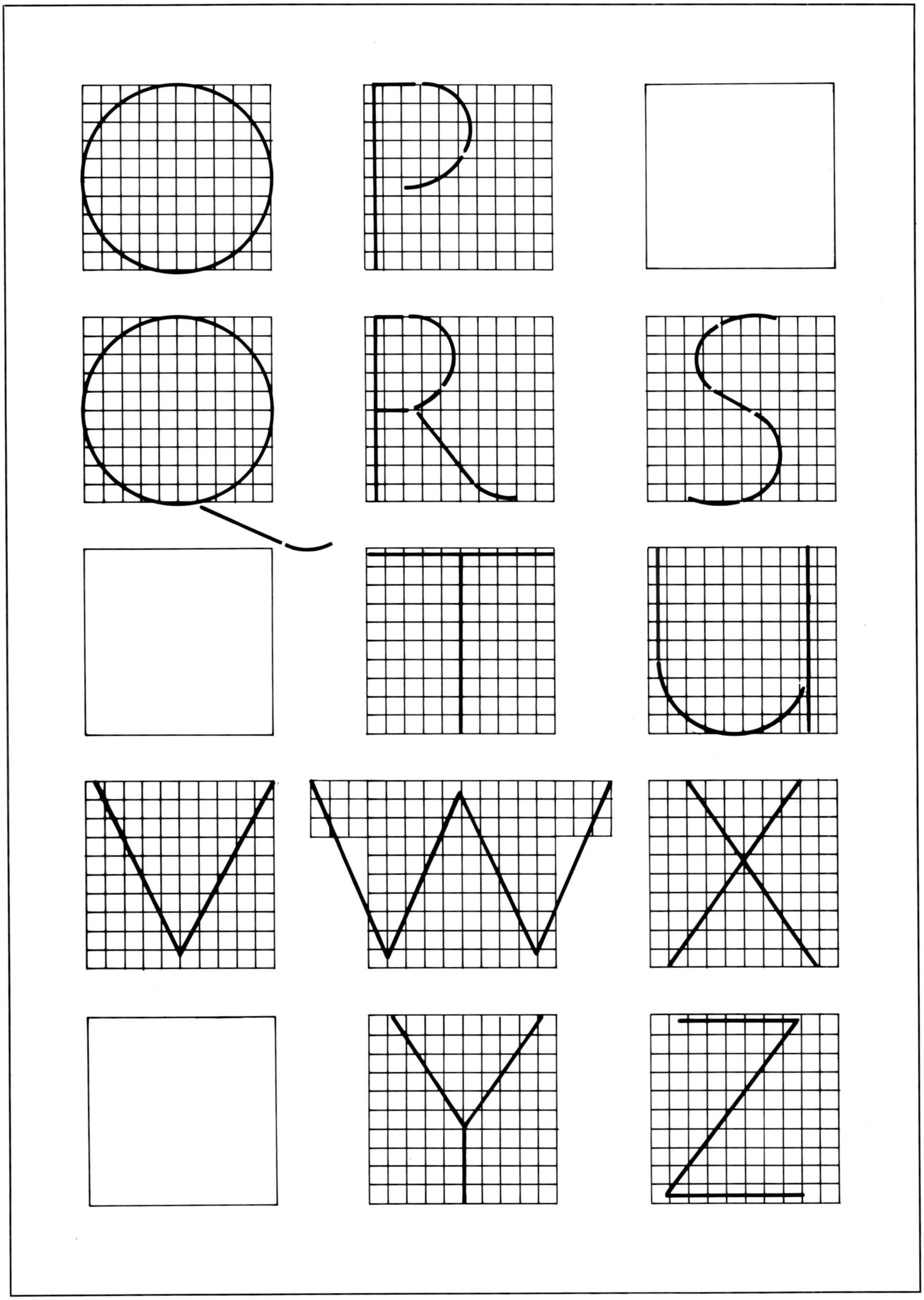

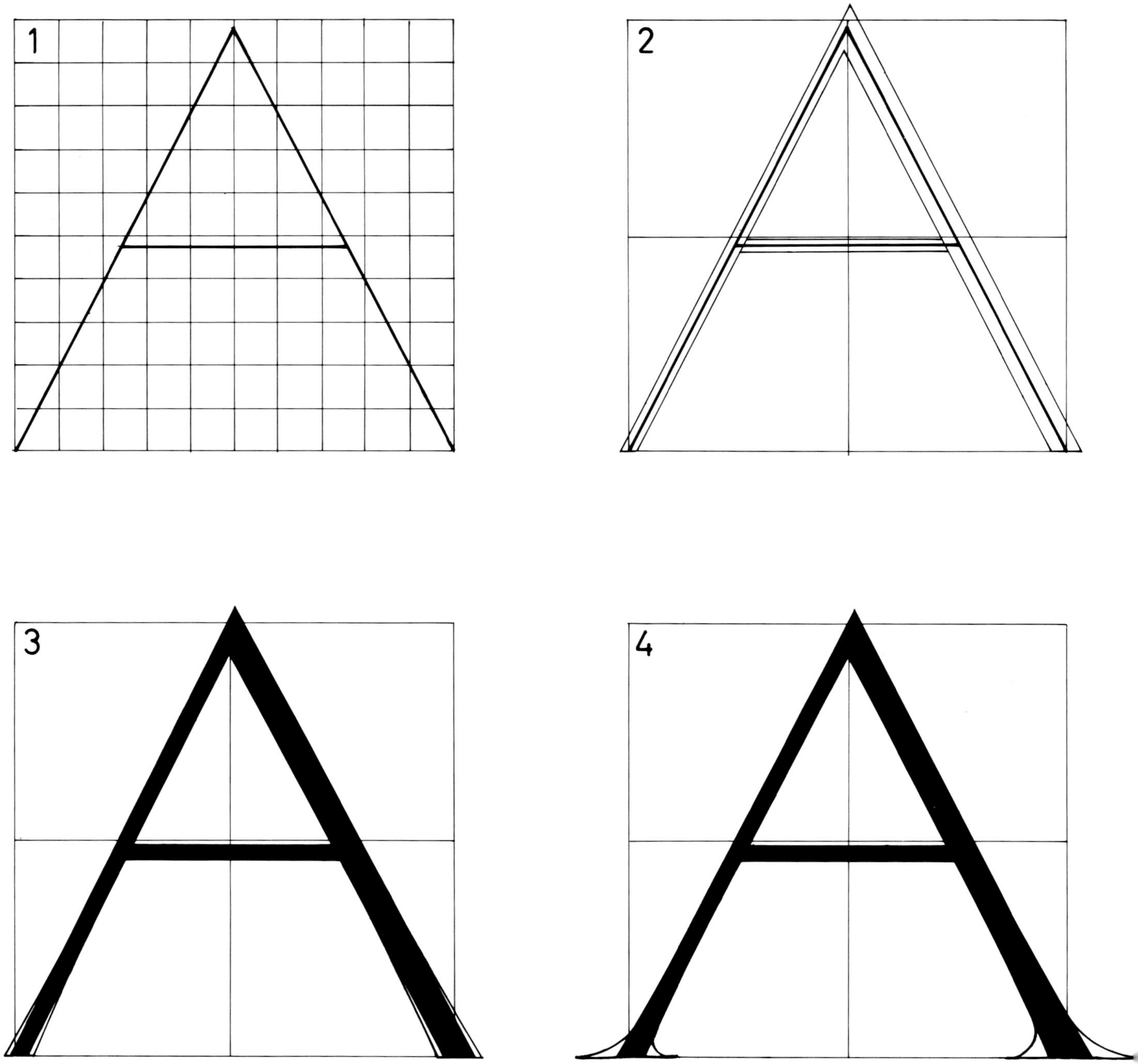

Konstruktion eines Buchstabens: Am Beispiel des Buchstabens A wird gezeigt, wie man mit Hilfe der auf Seite 64/65 dargestellten Systemlinien mit richtigen Proportionen konstruieren und zeichnen kann.
Dabei hat es sich als zweckmäßig erwiesen, die Herstellung der Zeichnung in vier Arbeitsgängen vorzunehmen:

Arbeitsgang 1: Anlegen eines Quadrates mit Zehnerteilung und Einzeichnen der Systemlinien des Buchstabens.
Arbeitsgang 2: Eintragen der Stärken von Balken, Kreisen und Bögen.
Arbeitsgang 3: Einzeichnen der An- und Abschwellungen von Balken, Kreisen und Bögen.
Arbeitsgang 4: Einzeichnen der Serifen.

Alle vier Arbeitsgänge können je nach der gewünschten Sorgfalt und Präzision frei Hand oder mit Lineal und Zirkel vollzogen werden.
Für Radien und Kreise verwendet man Kreis- oder Lochschablonen. Für die An- und Abschwellungen der Balken mit ihren großen Radien eignen sich entsprechende Kurvenschablonen oder auch biegsame Lineale.

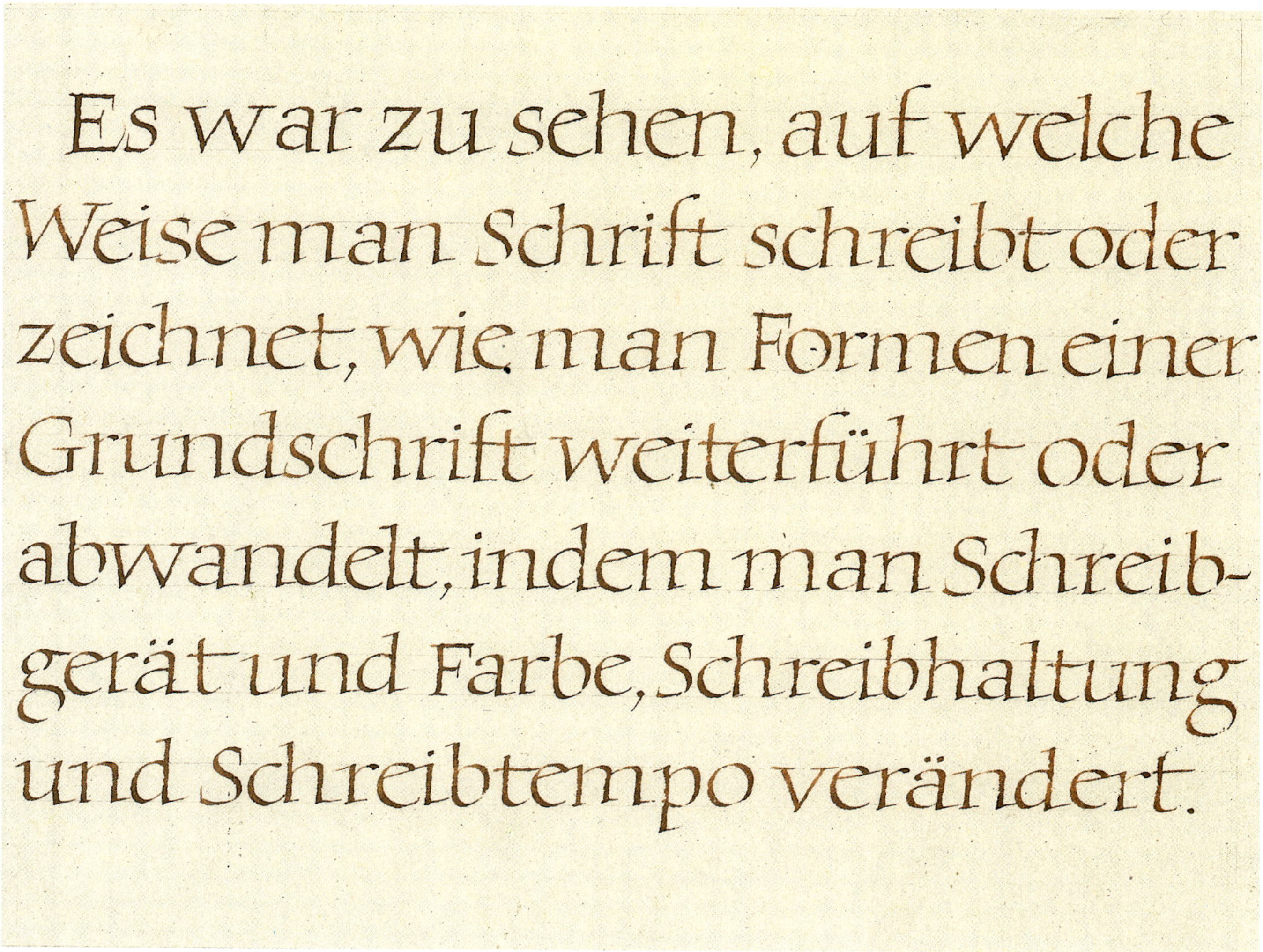

Systemlinien: Die hier sehr vereinfacht gezeichneten Systemlinien (s. S. 64/65) stellen das Skelett eines Buchstabens dar. Sie geben gleichzeitig Anhaltspunkte für die richtige Proportionierung beim Überschreiben von Buchstaben mit der Feder oder auch beim Konstruieren oder Zeichnen mit Lineal und Zirkel. Am besten einen Bogen Transparentpapier über die Seiten legen und die Buchstaben mit einer Feder nachzeichnen. So hat man eine gute Grundlage für eigene Entwurfsversuche.

Groß- und Kleinbuchstaben: Wurden bisher Klein- und Großbuchstaben getrennt voneinander geübt, werden sie nun gemischt. Die Versalien sind hier niedriger gehalten als die Oberlängen der Kleinbuchstaben. Auf diese Weise fügen sie sich harmonischer in das Schriftbild ein. Bei Satzschriften allerdings halten die Oberlängen der Kleinbuchstaben die Höhe mit den Versalien.

Humanistische Kursiv

ABCDEFG

HIJKLMNOP

QRSTUVW

XYZ

abcdefghijklmno

pqrstuvwxyz gß

Ach, was soll der Mensch verlangen?
Ist es besser, ruhig bleiben?
Klammernd fest sich anzuhangen?
Ist es besser sich zu treiben?
Soll er sich ein Häuschen bauen?
Soll er unter Zelten leben?
Soll er auf die Felsen trauen?
Selbst die festen Felsen beben

Eines schickt sich nicht für alle!
Sehe jeder, wie ers treibe,
Sehe jeder, wo er bleibe,
Und wer steht, daß er nicht falle!

GOETHE

Die Humanistische Kursive ist eine schräggestellte Antiqua. Es empfiehlt sich anfangs, Hilfslinien für die Schräge zu ziehen. Die Feder bleibt in der Federgrundhaltung. Als Varianten kommen g, v und w hinzu. In einer fließenden Schreibbewegung wird der Anstrich in einer knappen Rundung in die Schräge gezogen, dann in den Bogen und dieser läuft in einer knappen Rundung aus. Durch die Schräglage der Feder verläuft der Strich nach links dünner. Alle Züge, die nach rechts laufen, lassen den Strich fetter erscheinen. Das kann nur durch geringeren Druck auf die Feder ausgeglichen werden.

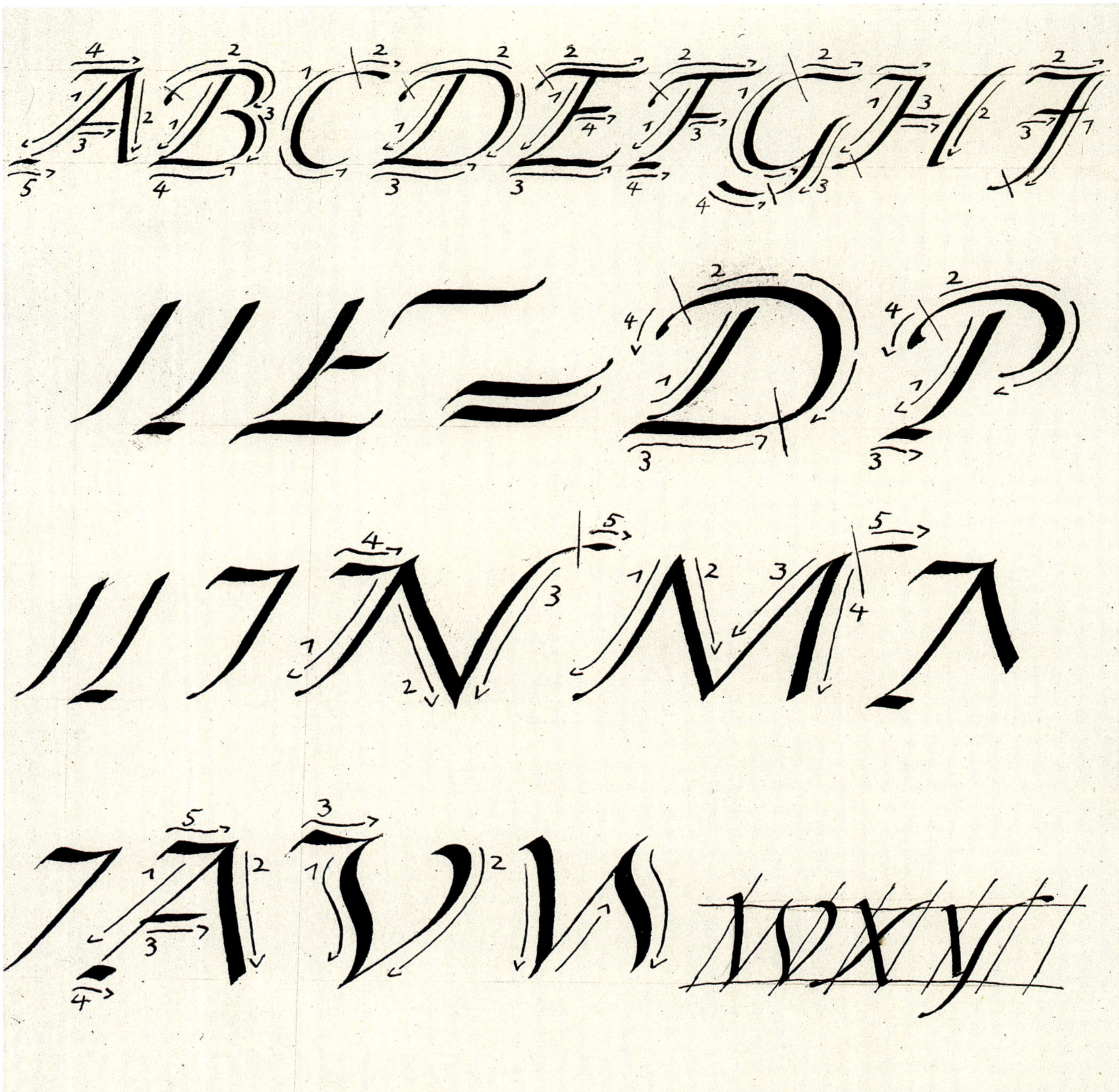

Schräggestelltes Versalalphabet: Es können die gerad- und schräggestellten Versalien und die Schwungversalien mit den Kleinbuchstaben verwendet werden. In ihrem Anwendungsbereich ist die Humanistische Kursive allerdings recht begrenzt.
Die schräggestelten Versalien unterscheiden sich von den strengen Versalien mit Serifen durch leichte Schwungbewegungen. Die Schrägen laufen auf der Linie aus, wobei einige Buchstaben als Abschluß einen Gegenzug erhalten. Auslaufende Bögen können mit einem leichten Federdruck abgerundet werden. Die parallel zur oberen Linie verlaufenden Fähnchen wie z. B. bei N und V werden nur leicht an den Buchstaben angebunden. Den Zug 1 bei den Buchstaben M, N, W, X, Y nicht ganz so schräg wie die folgenden Züge ziehen, da der Buchstabe sonst seine ursprüngliche Form verliert. An einem Text werden zwei unterschiedliche Schreibweisen verdeutlicht. Im oberen Text gehen die Buchstaben nicht über die Grundlinie hinaus. Im unteren Textauszug wird die Grundlinie überwunden, das Schriftbild wirkt zügiger und damit temperamentvoller. Diese Schreibweise eignet sich gut für die Schwungkursive, die im folgenden Kapitel vorgestellt wird.

KLMNOPQRST
UVWXYZ

Tadle nichts Menschliches.
Alles ist gut,
nur nicht überall, nur nicht immer,
nur nicht für alle.

nur nicht überall, nur nicht immer,
nur nicht für alle.

ABCDEFGHIJKLMNO
PQRSTUVWXYZ

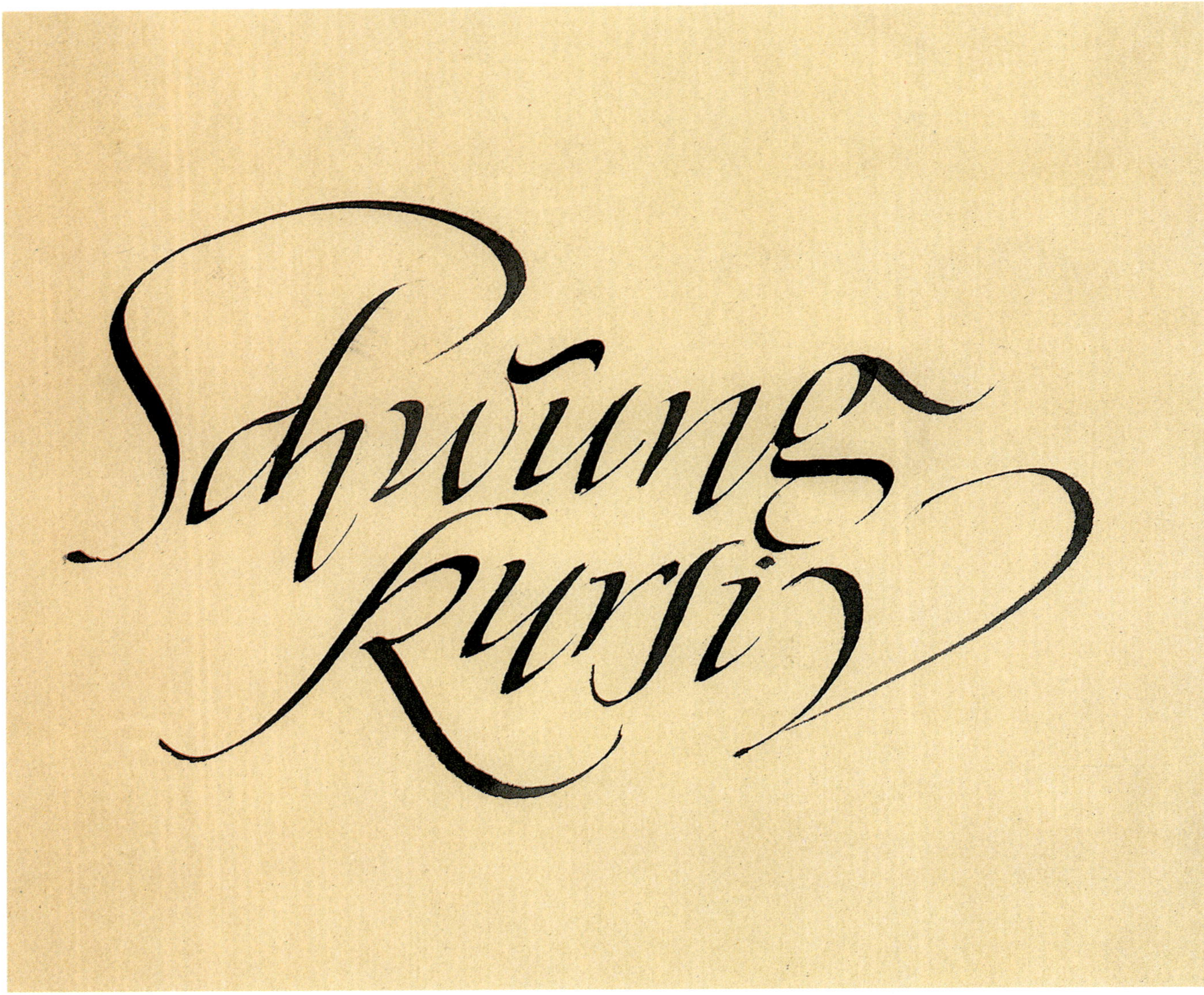
Schwung
Kursiv

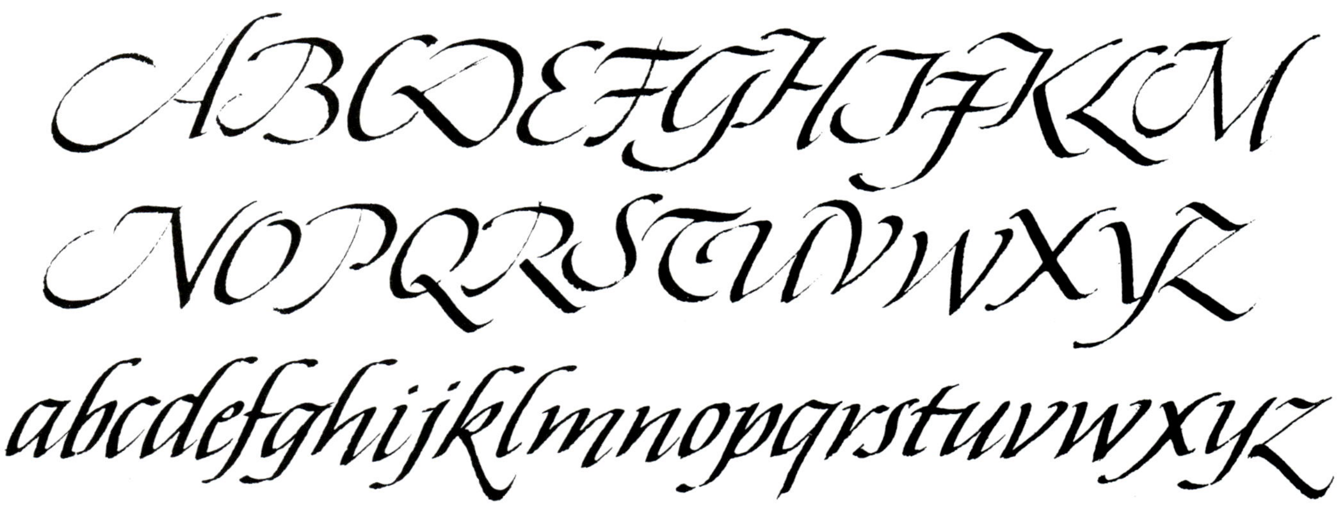
ABCDEFGHIJKLM
NOPQRSTUVWXYZ
abcdefghijklmnopqrstuvwxyz

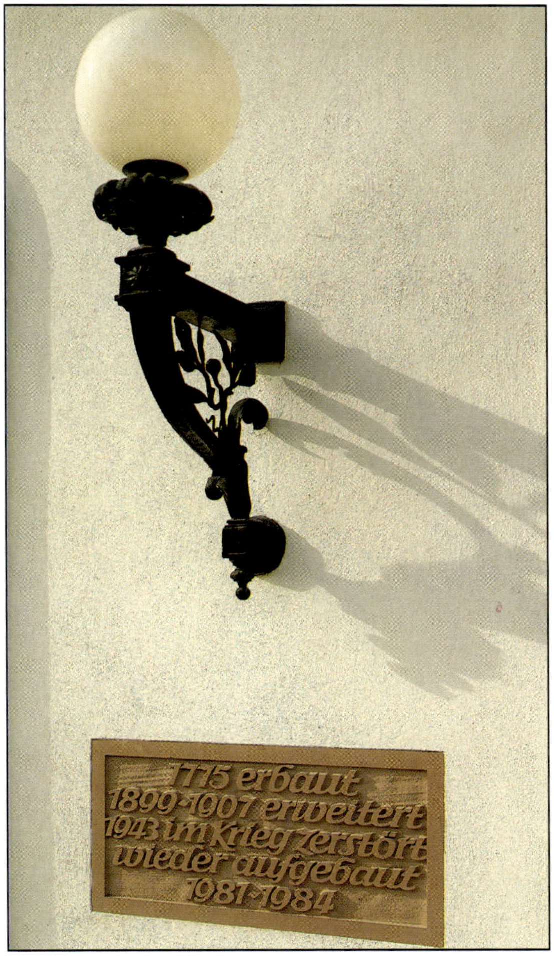

Schwungkursive als zeitgenössische Inschrift in Stein gehauen.

Die Schwungkursive ist eine ausgesprochene Schreibschrift. Sie verlangt nach einem schnellen Schreiben und gewinnt dadurch an Leichtigkeit und Flüssigkeit. Ihr Anwendungsbereich ist vielfältig und auch kommerziell verwertbar. Für einen Kongreß müssen 300 Tischkarten geschrieben werden, in vorgedruckte Urkunden sollen Namen und Daten eingesetzt werden, für das Restaurant muß eine Speisekarte gestaltet werden und ein handgeschriebenes Unikat für den Jubilar hat auch einen ideellen Wert. Die Schwungkursive spielt auch in der Werbung eine große Rolle. Zahlreichen Werbeschriften liegt ein Schreibschriftcharakter zugrunde. Diese Kursivschrift wird wesentlich schräger als die Humanistische Kursive geschrieben. Dadurch verlaufen, im Gegensatz zur Humanistischen Kursiven, die Striche noch dünner von rechts oben nach unten und die Züge von links oben nach rechts um so kräftiger.

Durch den Schwungcharakter der Großbuchstaben und den betont zart verlaufenden Ober- und Unterlängen mit dem geschlossen erscheinenden Mittelbau der Kleinbuchstaben wirkt diese Schrift leicht und beschwingt.

Bei den Kleinbuchstaben verlaufen An- und Abstrich zart. Dadurch wirkt der Mittelbau kräftig und der gesamte Buchstabe lebendig. Die Schreibbewegung der Kleinbuchstaben: Abstrich kräftig, Aufstrich leicht, die Endung führt in einer Haarlinie zum nächsten Buchstaben. Dies verleiht dem Geschriebenen ein harmonisches und geschlossenes Bild. Im Gegensatz zu den klassischen Schriften verführt diese Schrift den Schreibenden zu spontanem Ausbrechen aus der Linie in einem vielleicht originellen Schwung.

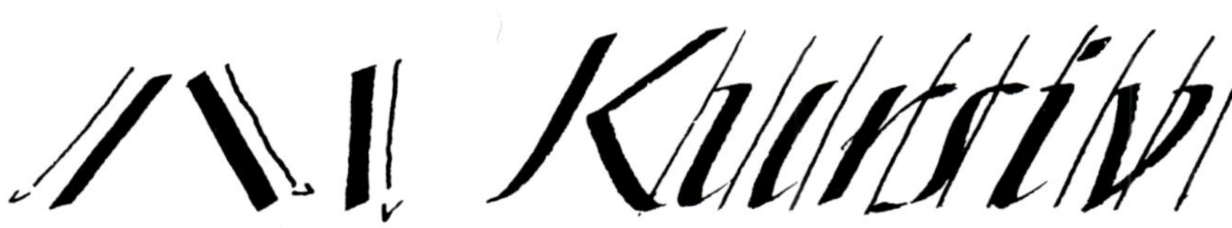

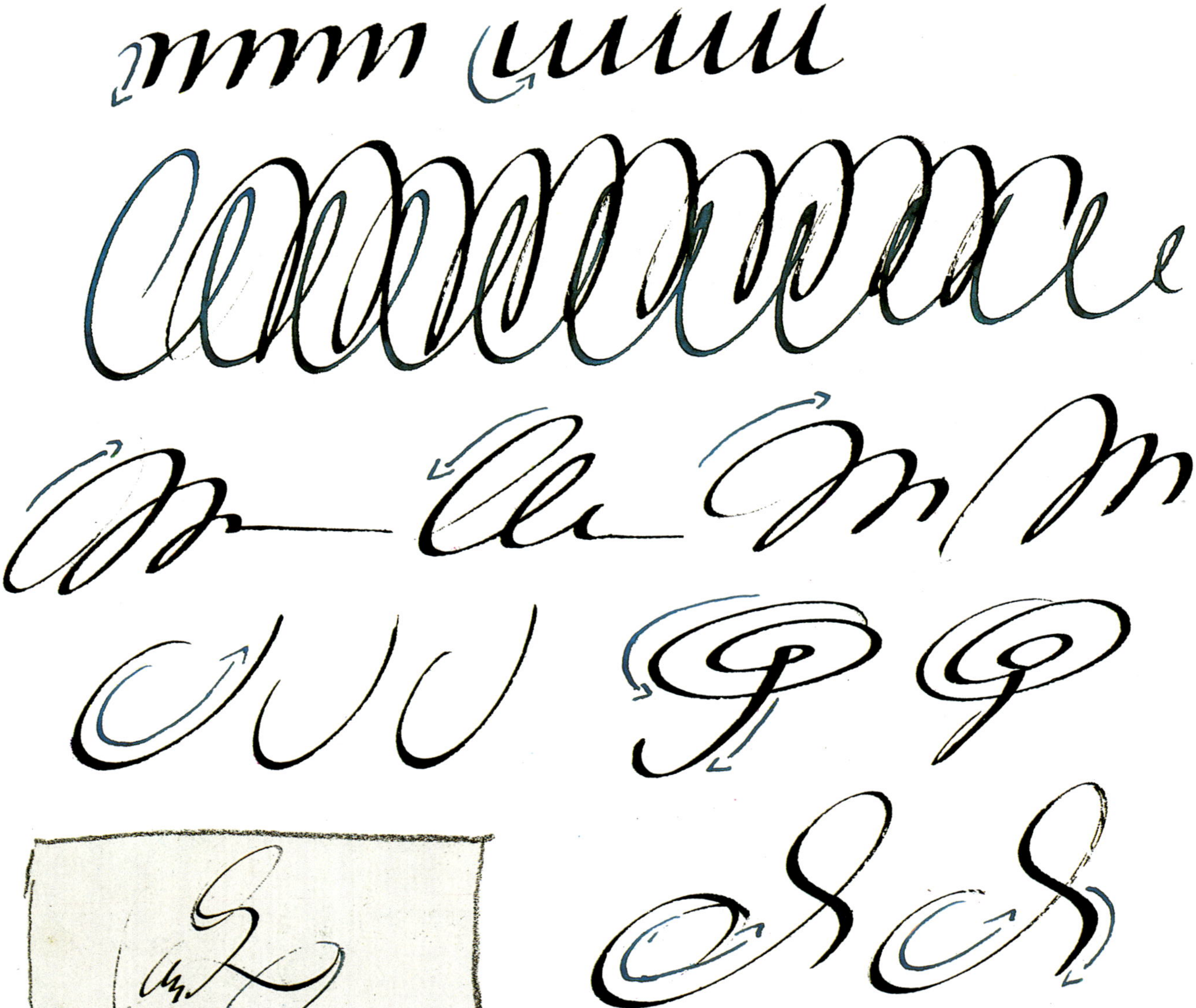

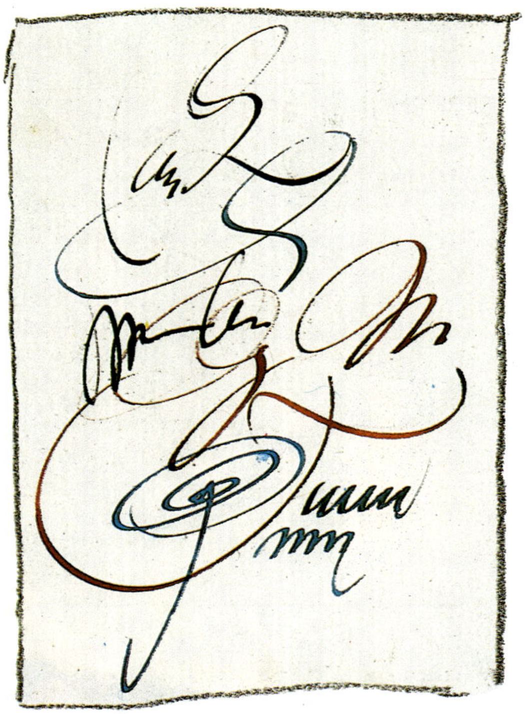

Ihre erste Kalligraphie!

Schwungübungen

Diese Übungen sind nur halb so schwierig, wie sie aussehen. Der Akzent liegt auf dem motorisch-rhythmischen Ablauf. Hat sich die Hand auf diese Bewegung eingestellt, läuft der Schreibfluß von alleine, bis keine Tusche mehr in der Feder ist.
Schlingenbewegungen und Bögen von oben nach unten und umgekehrt. Schwünge auslaufend in eine Linie, Schwünge in einer Kreisbewegung nach oben auslaufend, aus einer Spirale nach unten ausschwingen und aus der Kreisbewegung nach oben in die Rundung und in einer schrägen Schwungbewegung nach unten ziehen. Im nächsten Schritt werden die geübten Schwünge zu einer fiktiven Handschrift zusammengefaßt.
Durch Variation der Figuren mit einer 1-mm-Bandzugfeder und unterschiedlichen Farben entsteht eine kleine Komposition. Mit einem Bleistift wird ein Rahmen um sie gezogen. Die erste Kalligraphie ist fertig! Es gibt Tausende von Möglichkeiten, die Elemente zu ordnen. Am besten 10 dieser Möglichkeiten auf einen DIN-A3-Bogen nebeneinanderstellen. Im Vergleich bilden sich Kriterien für eine ausgewogene Komposition aus. Verhältnis von Hell- und Dunkelwert. Schwünge, die vom Zentrum ausgehen und zum Rand hin auslaufen, setzen Bewegung frei. Eine gefüllte Fläche läßt den Weißraum zurücktreten. Durch einen Schwung aus einem dichtbeschriebenen Zentrum wird der Weißraum wieder stärker einbezogen. Kommt noch Farbe hinzu, erweitern sich die Ausdrucksmöglichkeiten.
Im Abschluß an diese Übungen werden aus den Schwüngen Buchstaben geformt. Durch den Wechsel der Federbreiten von 1 und 3 mm entsteht ein Kontrast.
1 Mit der 3-mm-Feder wird zuerst das fette Buchstabenfragment gezogen. Die 2-mm-Feder wiederholt dann diese Schwungbewegung.
2 Dem angedeuteten fetten f-Fragment wird ein dünnes e eingeschrieben.
3 Aus der gleichen Schreibbewegung ein fettes und dünnes s ziehen und durch ein gegenläufiges w einbinden.
4 Drei Komponenten vereinen sich, das fette f, das eingezogene, dünne g und die Buchstaben, die abstrakt gesehen eine Schraffur bilden. Diese Übungen, die sich unendlich variieren lassen, schulen das Formgefühl.

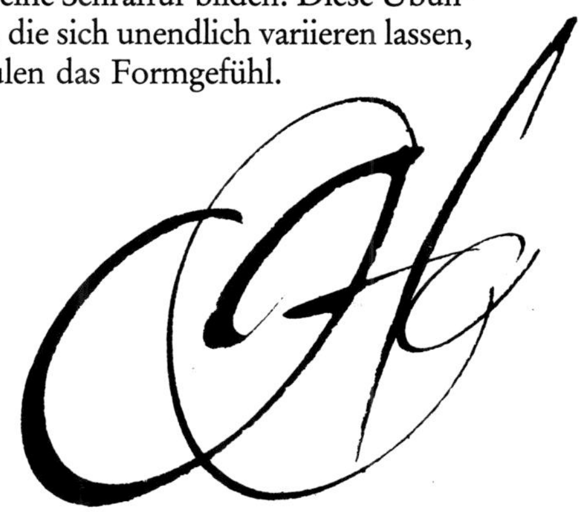

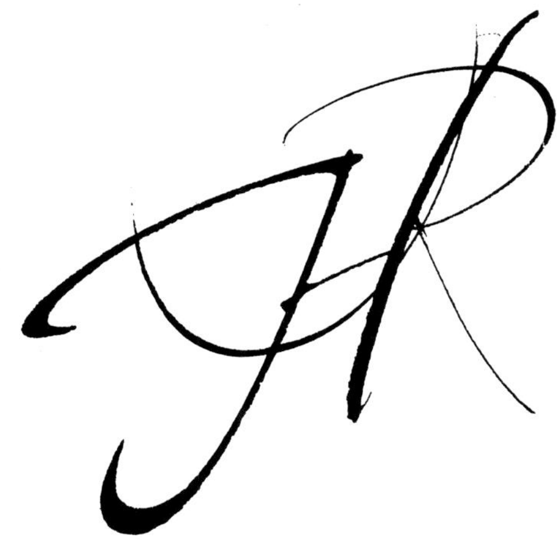

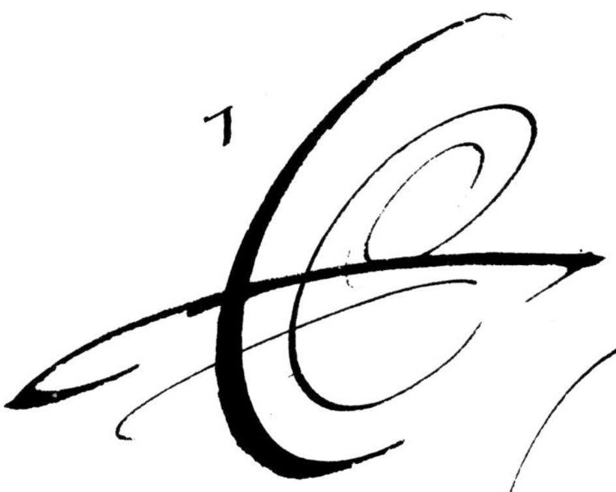

1

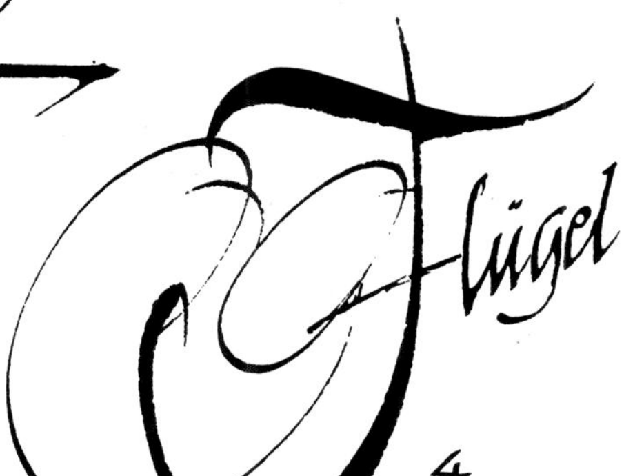

4

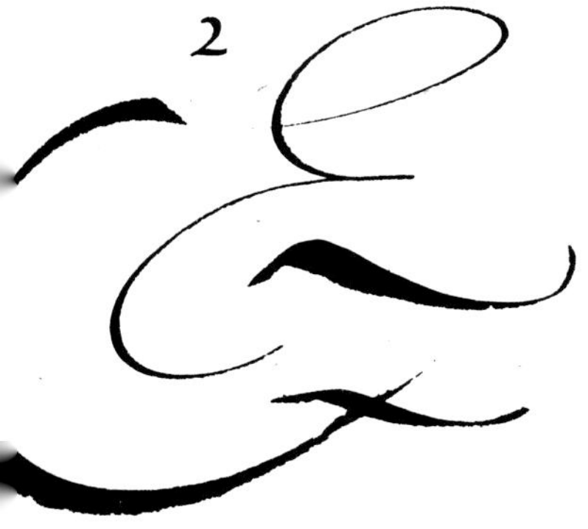

2

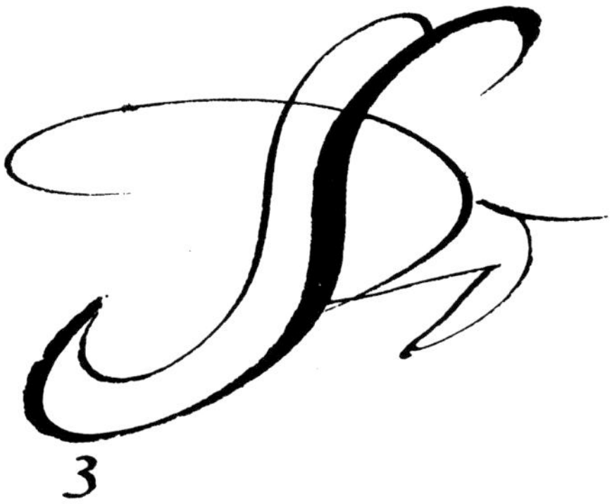

3

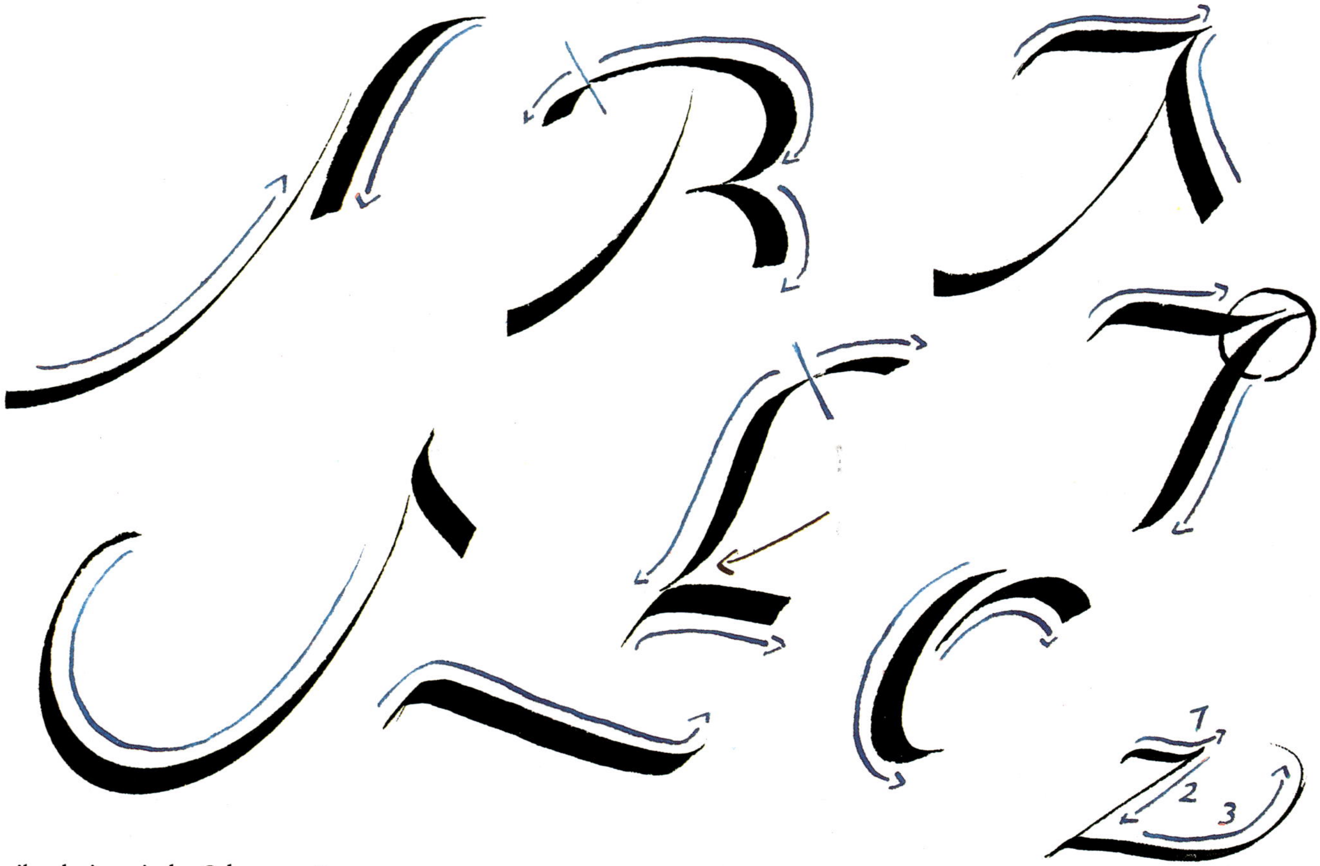

Es gibt drei typische Schwungzüge.
1. In einem großen, kreisförmigen Bogen, den Schwung von unten nach oben durchziehen. Sein Verlauf nach oben ist dünn (A).
2. In einer schwingenden Bewegung von rechts oben in die Schräge und den Anschlußschwung anbinden. Mit einiger Übung gelingt dieser Schwungzug.
3. Von oben bzw. von der Grundlinie in die Schräge und ausschwingen (L). Tip: Dieser Schwung gelingt besonders großzügig und elegant, wenn die Feder horizontal zur Grundlinie gehalten wird.
Alle Züge, die in einen Schwung auslaufen sollen, dürfen niemals durchhängen. Der Strich wird wie von einer unsichtbaren Korsettstange gehalten und erst gegen Ende schwingt er aus.
Die Buchstaben C und E haben nach oben einen abrundenden Schwung, der eine zarte Verbindung zum schon geschriebenen Buchstaben bildet. Bei den Buchstaben U und V wird dieser abrundende Schwung als Verbindung nach unten gezogen. Diese Abschlüsse können als Tropfen oder Bögen, je nach Wirkungsabsicht, verlängert oder verkürzt werden.

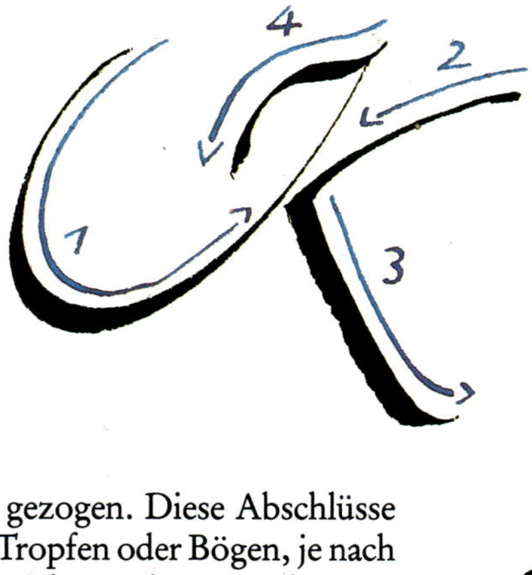

Typische Schreibmerkmale der Großbuchstaben wiederholen sich bei den Ober- und Unterlängen der Kleinbuchstaben. So der Abschlußbogen. Die oberen Abschlußbögen nicht nach unten ziehen, denn sie betonen in ihrer weiterführenden Bewegung den Schreibfluß der Zeile. Die unteren Abschlußbögen haben noch mehr Bewegungsraum. Sie können wie die Schwung-Großbuchstaben durch einen Gegenzug zusätzlich betont werden,

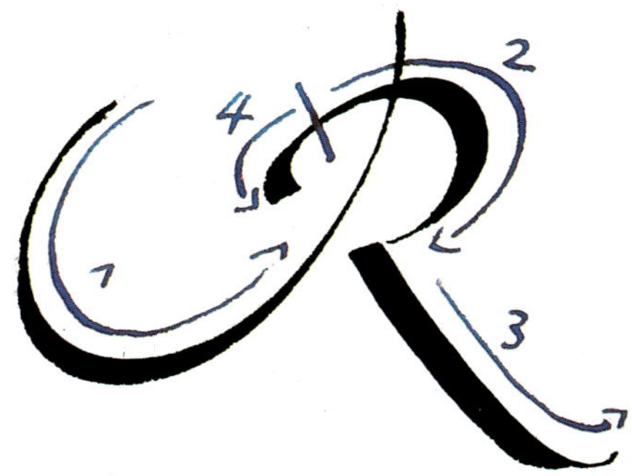

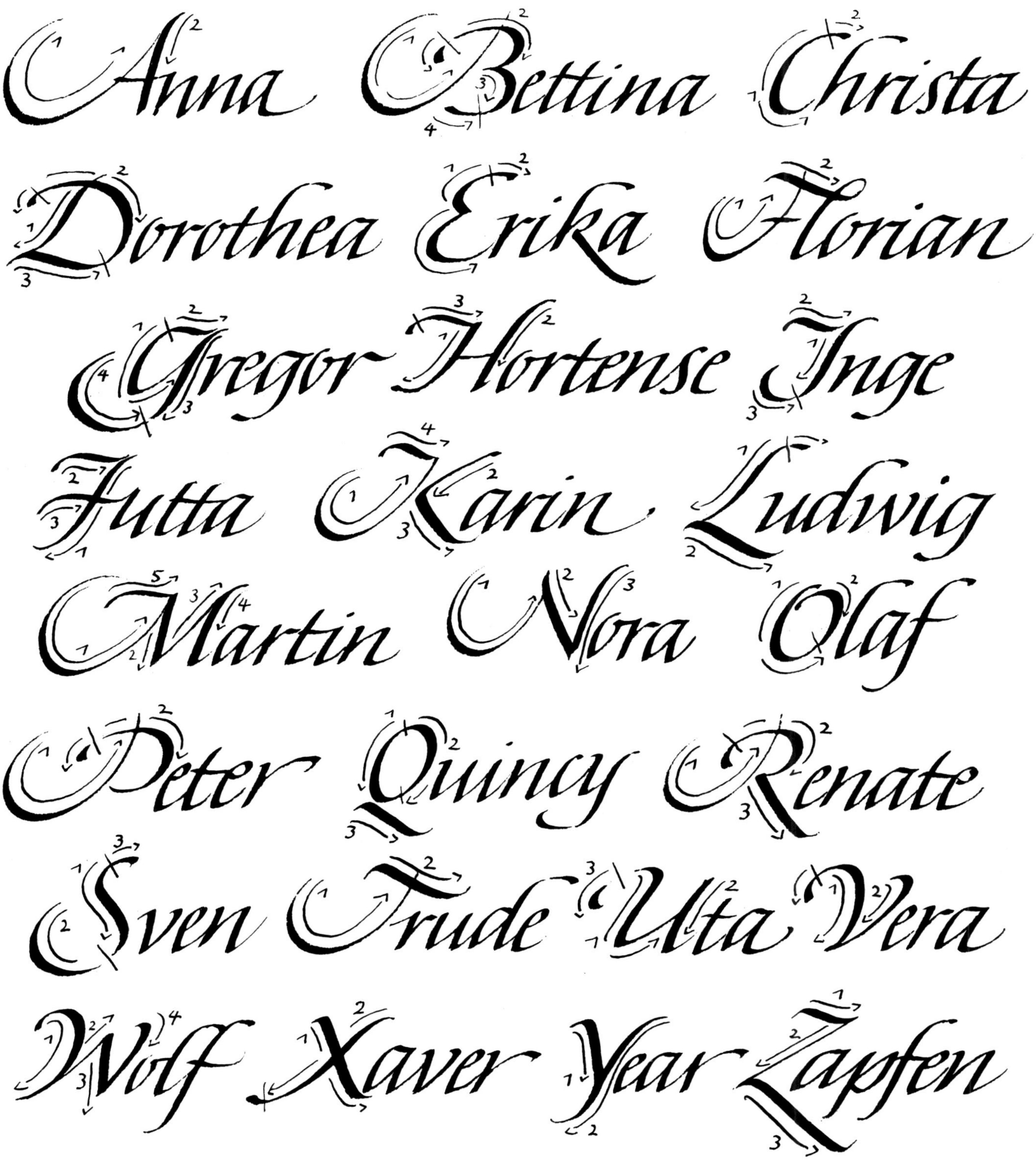

wie das G. Die Entscheidung für ausgeprägte Ober- und Unterlängen bestimmen auch den Durchschuß. Wenn sich nämlich Ober- und Unterlänge treffen, entsteht eine unschöne Stelle. Wenn man sich für betonte Unterlängen entscheidet und einmal zwei dicht nebeneinander stehen, ist es besser, nur eine auszuführen.

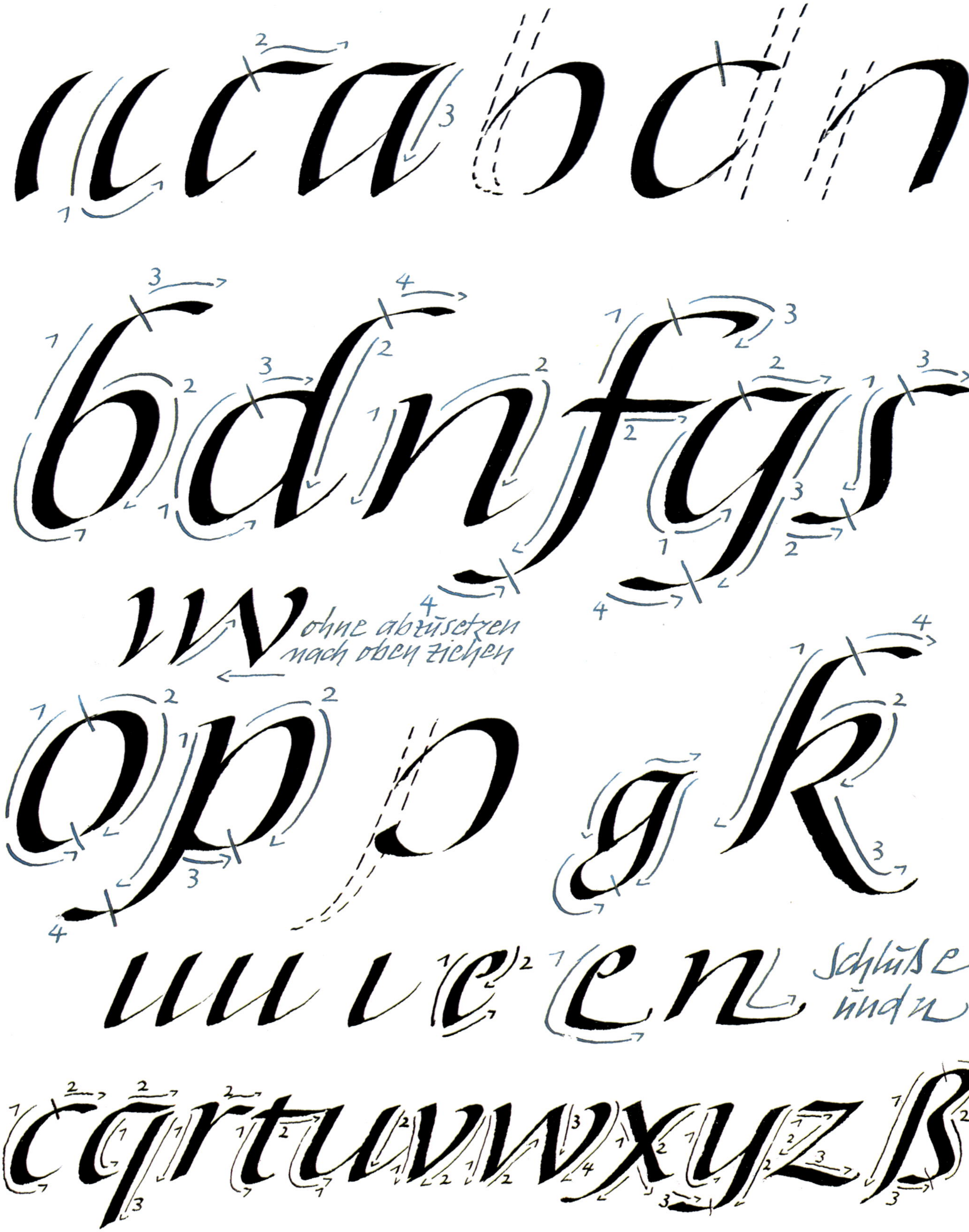
ohne abzusetzen
nach oben ziehen
Schlüsse e
und n

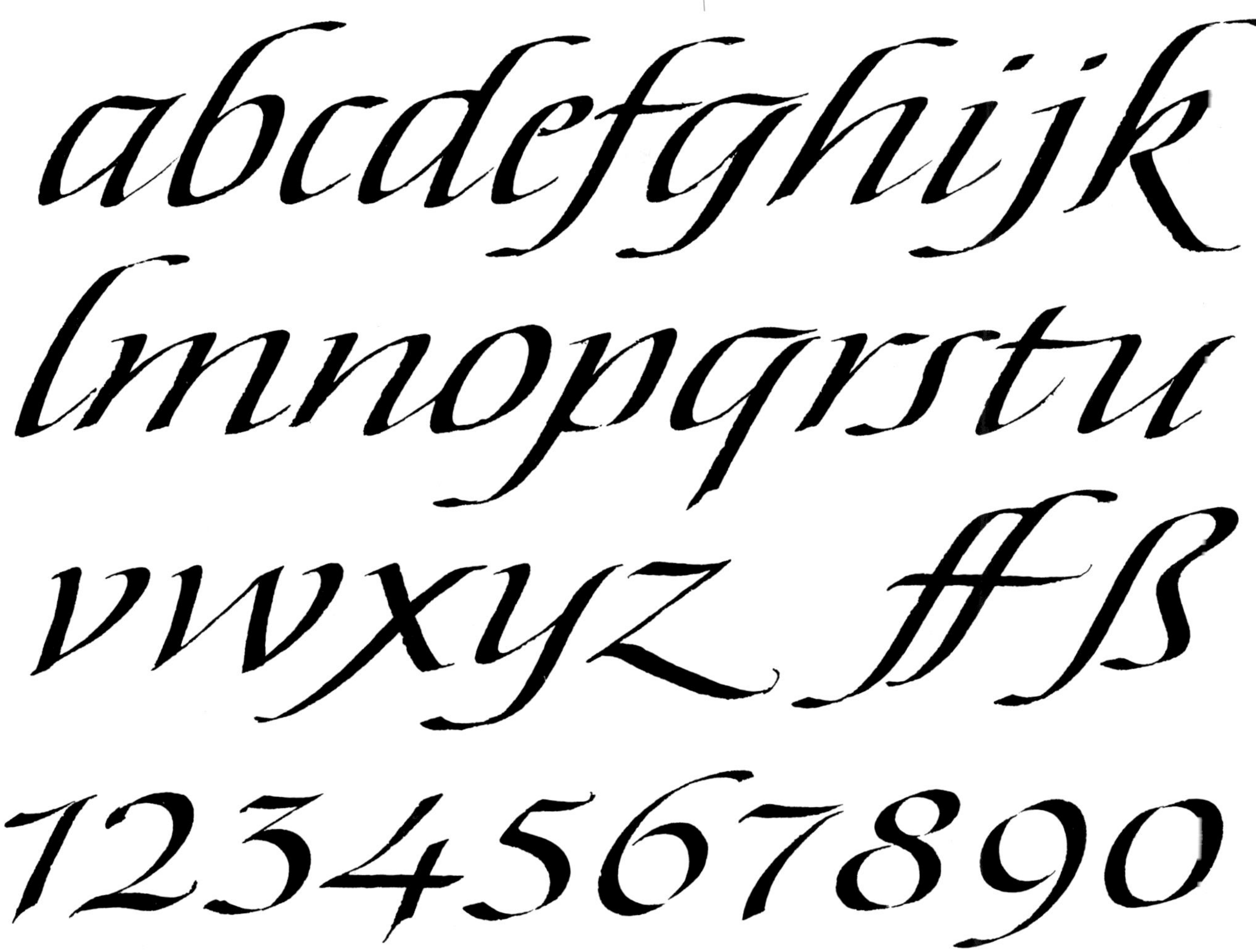

Die typischen Schreibzüge von der Schrägen in die Bögen sind bereits bei der Humanistischen Kursiven beschrieben worden.
Als Beispiel das n. Den Anstrich in einer knappen Rundung in die Schräge ziehen, dann in den Bogen zum Abstrich, der durch den Druck die Tendenz einer leichten Rundung bekommt. Die Feder absetzen, auf die linke Kante stellen und in einem weiten Bogen nach rechts ziehen.
Diese Haarlinie kann so weit verlaufen, daß sie vom nächsten Buchstaben überschrieben wird. Das organische Aneinanderhängen der Buchstaben ist dadurch garantiert.

Bei den Buchstaben a, d und g wird der Zug 1 in einem durchgezogen. Das ergibt sich aus der Federhaltung. Zug 2 bei a, g und q parallel zur oberen Linie in verhaltenem Schwung zeichnen. Die

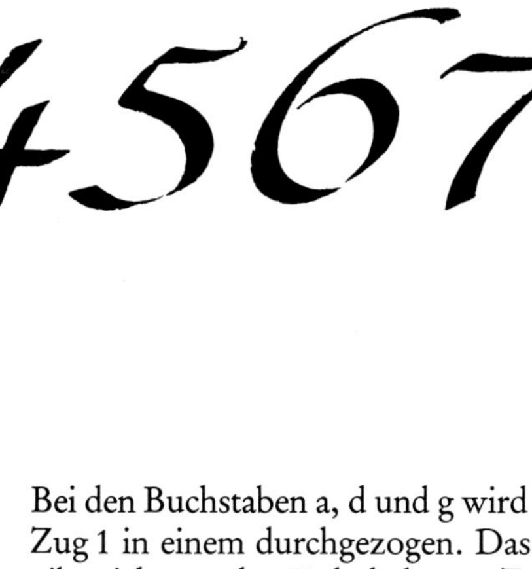

Verbindungen zu Zug 1 und 3 hauchzart halten. Die Abschlüsse der Rundungen beim d zart in den Schaft laufen lassen, beim p die Feder auf die rechte Kante drehend den Buchstaben schließen. Bei Zug 2 und 3 von s die Feder flach zur Linie halten, mit nachlassendem Druck den Buchstaben schließen und in Zug 3 mit etwas zunehmendem Druck den Buchstaben abrunden. Beim Schluß-e wird der Zug 1 ohne abzusetzen auf der Grundlinie durchgezogen. Der Zug 2 beim Schluß-a wird ebenfalls durch Verlagerung des Drucks, in einem durchgehenden Zug ausgeschwungen.

Gebrochene Schrift

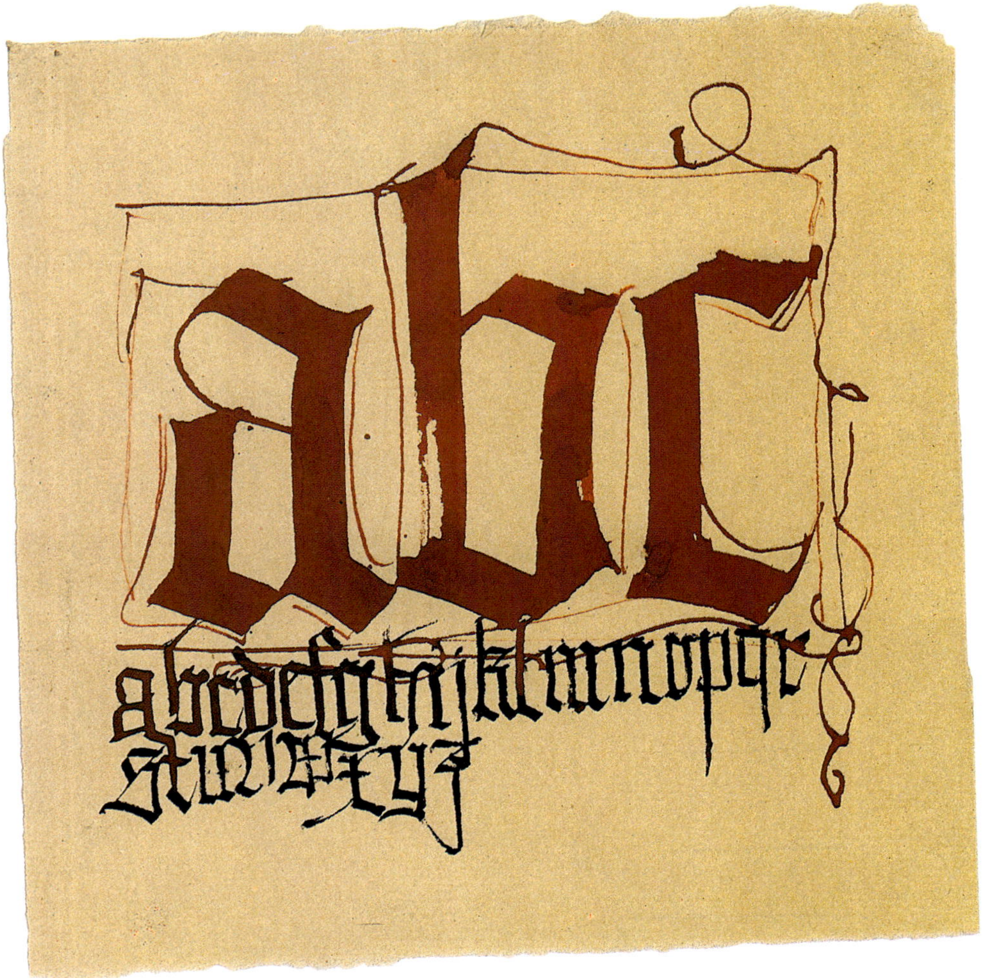

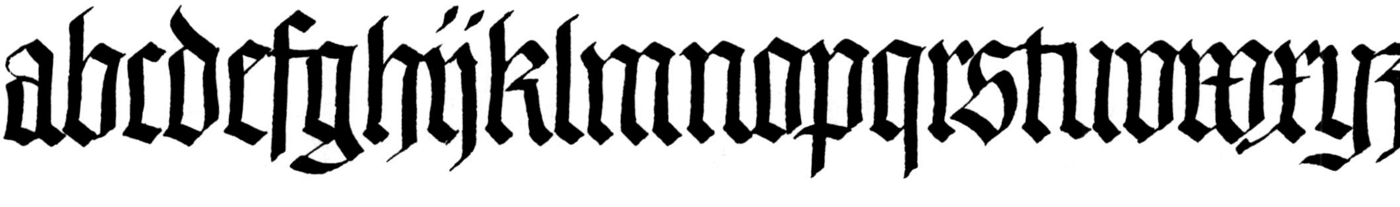

Im Gegensatz zur Antiqua sind hier alle Rundungen und Bögen gebrochen. Das kleine Texturaalphabet zeigt, daß die Breite der senkrechten Schäfte den Zwischenräumen entspricht. Dies verleiht der Schrift ein schwarzes, und für uns heute schwer lesbares Bild. Aus den Anstrichen, Endstrichen oder Serifen der Antiquaschriften sind hier Kopf- und Endrauten geworden. Das Gesamtbild der Schrift wirkt wie ein ornamentaler Teppich. Die schmalen Balken der Schrift erinnern an die gotische Architektur. In den gebrochenen Schriften gibt es zwei s-Formen. Das lange s, das am Wort- oder Silbenanfang steht, und das runde Schluß-s am Wort- oder Silbenende. Verwendet wird die

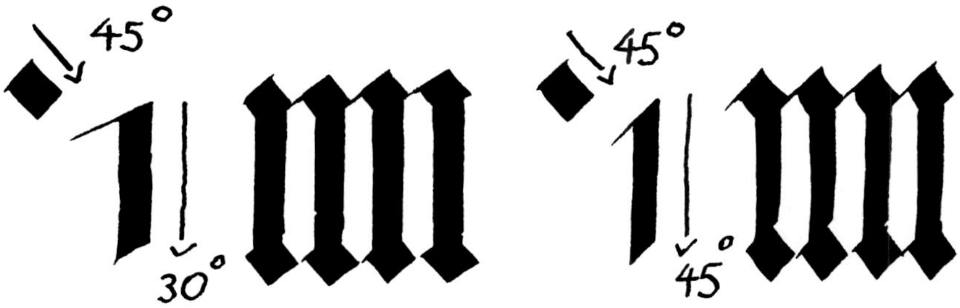

Schrift heute für feierliche und religiöse Anlässe.

Kopf- und Endrauten: Aus der Federgrundhaltung nach rechts ziehen ergibt die Kopfraute. Feder auf Grundhaltung umstellen, in die Senkrechte ziehen und für die Endraute die Feder absetzen und wie bei der Kopfraute verfahren.
Um das antiquierte und leblose Element dieser Schrift, das nicht zuletzt aus der Federumstellung herrührt, zu mildern, ist es vertretbar, die Feder nach dem Rautenansatz nicht umzustellen, sie also im Winkel von 45° in die Senkrechte zu ziehen und die Endraute anzusetzen.
Das Textura-n mit Abschlußraute und das Textura-d, verglichen mit dem n und d der Schwungfraktur, machen deutlich, daß die harten Brechungen in weichere Bögen abgeschwächt sind.
Beim n den Querstrich an der rechten Spitze der Kopfraute ansetzen und nach unten in die Senkrechte ziehen. Die Abschlußraute wird im Gegensatz zur Endraute unter leichtem Druck auf die Feder nach rechts abgedreht.
Die Endrauten bei i, k, l und die beiden ersten Endrauten bei m sind identisch mit der Kopfraute. Die Endrauten bei r und t werden etwas ausgeprägter gezogen. Die Brechung aus der Senkrechten bei c, e, d, g, b und o wird etwas breiter gezogen, damit der Buchstabe an Weite gewinnt.

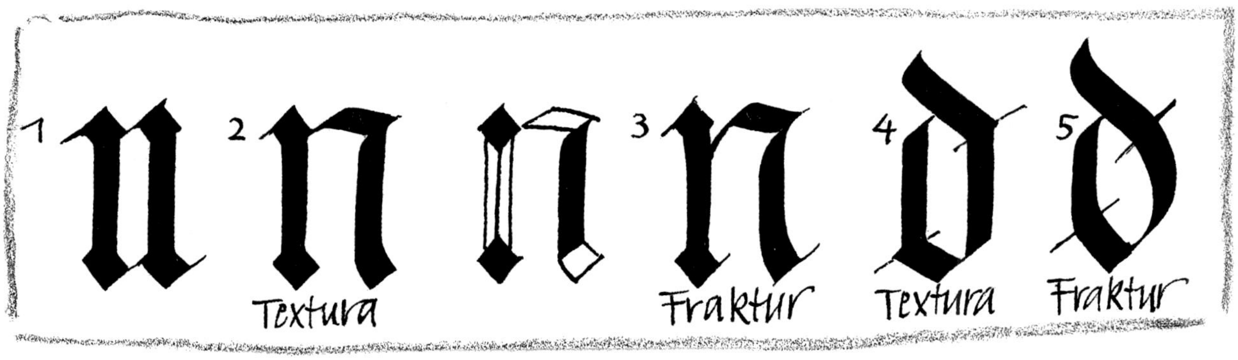

Schwabacher

ABCDEFGHIJ
KLMNOPQRS
TUVWXYZ

abcdefghijklmno
pqrsſtuvwxyz ß
1234567890

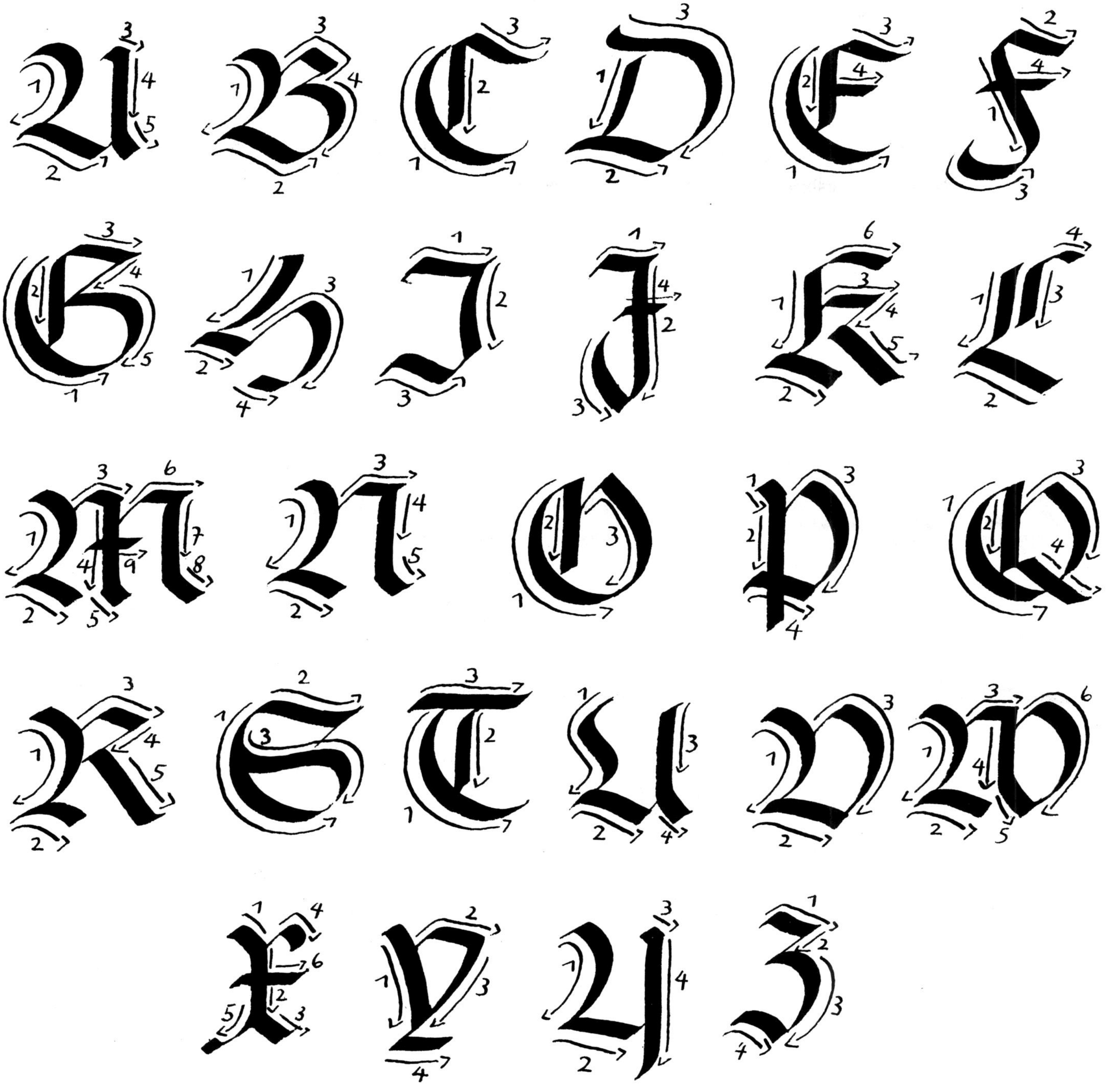

Die Schwabacher war ursprünglich keine Handschrift, sondern eine Satzschrift. In ihren Brechungen ist sie weniger streng als die Textura, Rundungen und Brechungen wechseln sich ab. Sie dient als Skelettform für die Schwungfraktur. Ins Schwabacher Kleinbuchstabenalphabet sind die typischen Schwabacher Buchstaben a, d und o übernommen worden, während sie auf Seite 86 durch strengere Schwungfrakturvarianten ergänzt werden. Bei den Großbuchstaben gibt es zwei Formen des H und Y, eine einfachere und eine kompliziertere. Nach dem intensiven Studium der Antiqua-Kleinbuchstaben und nach Vertrautwerden mit den ungewohnten Kopf- und Endrauten müßte diese Schrift mühelos geschrieben werden können. Ein Tip für den Einstieg: Ein Transparent über das Alphabet legen, gut befestigen, damit es nicht verrutscht, und die Formen nachziehen.

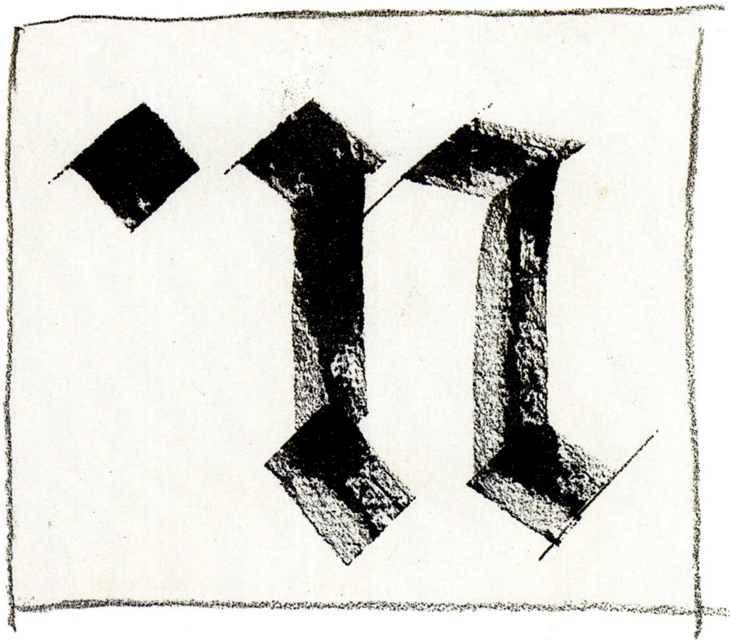

Als Übergang zur Schwungfraktur sollte das Bild auf der gegenüberliegenden Seite betrachtet werden. Die beiden Rauten links oben, eine Kopf- und eine Endraute, laufen in ihren Richtungen verschieden. Durch Druck auf die Feder wird die Endraute nach unten gezogen. Dieser Eindruck wird noch verstärkt, wenn beim Ziehen der Senkrechten mit dem Druck nachgelassen wird. Die Oberlängen der Senkrechten werden gleichfalls mit Druck auf die Feder begonnen. Es empfiehlt sich, den Ansatz nach dem Zug noch zu verschärfen.

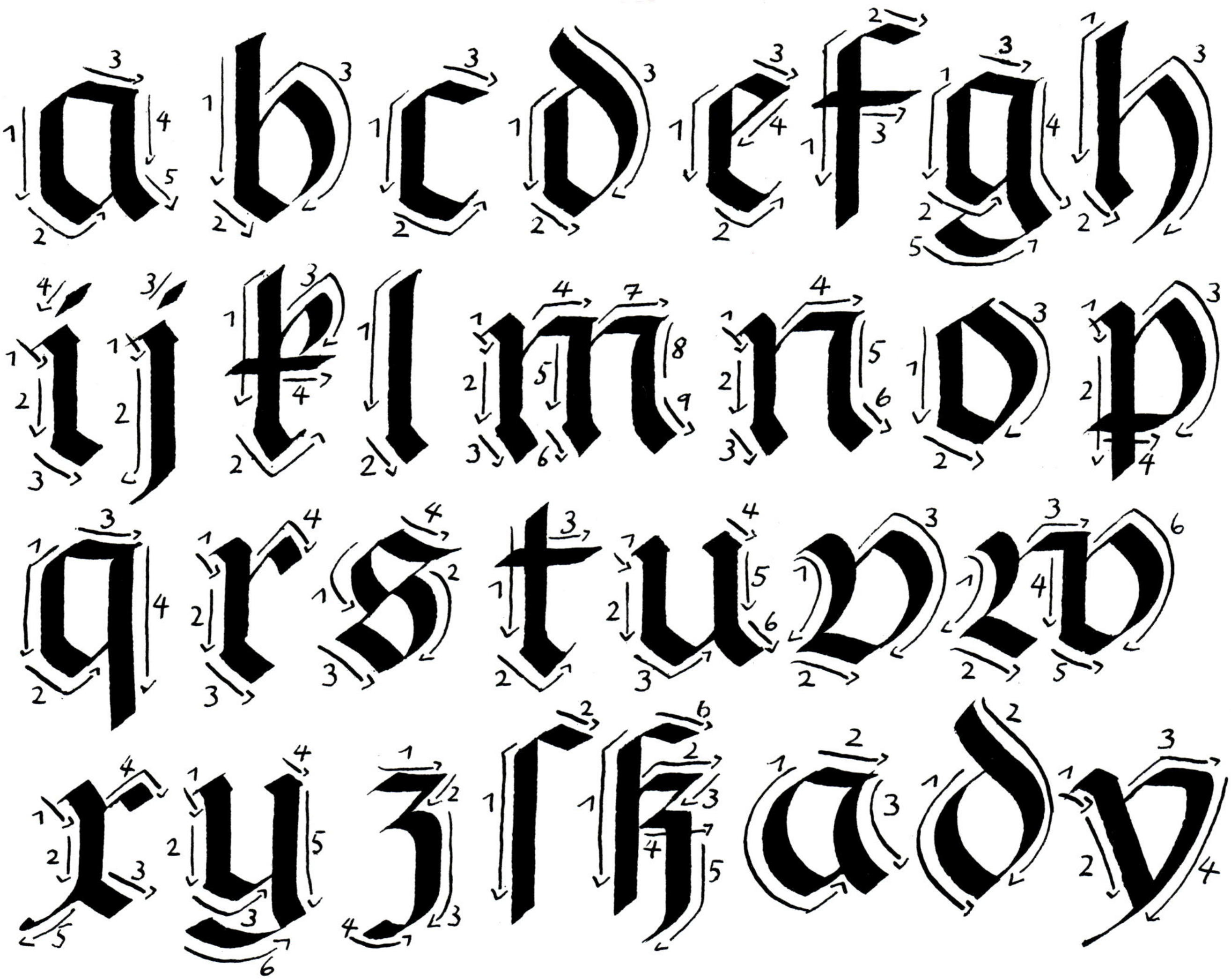

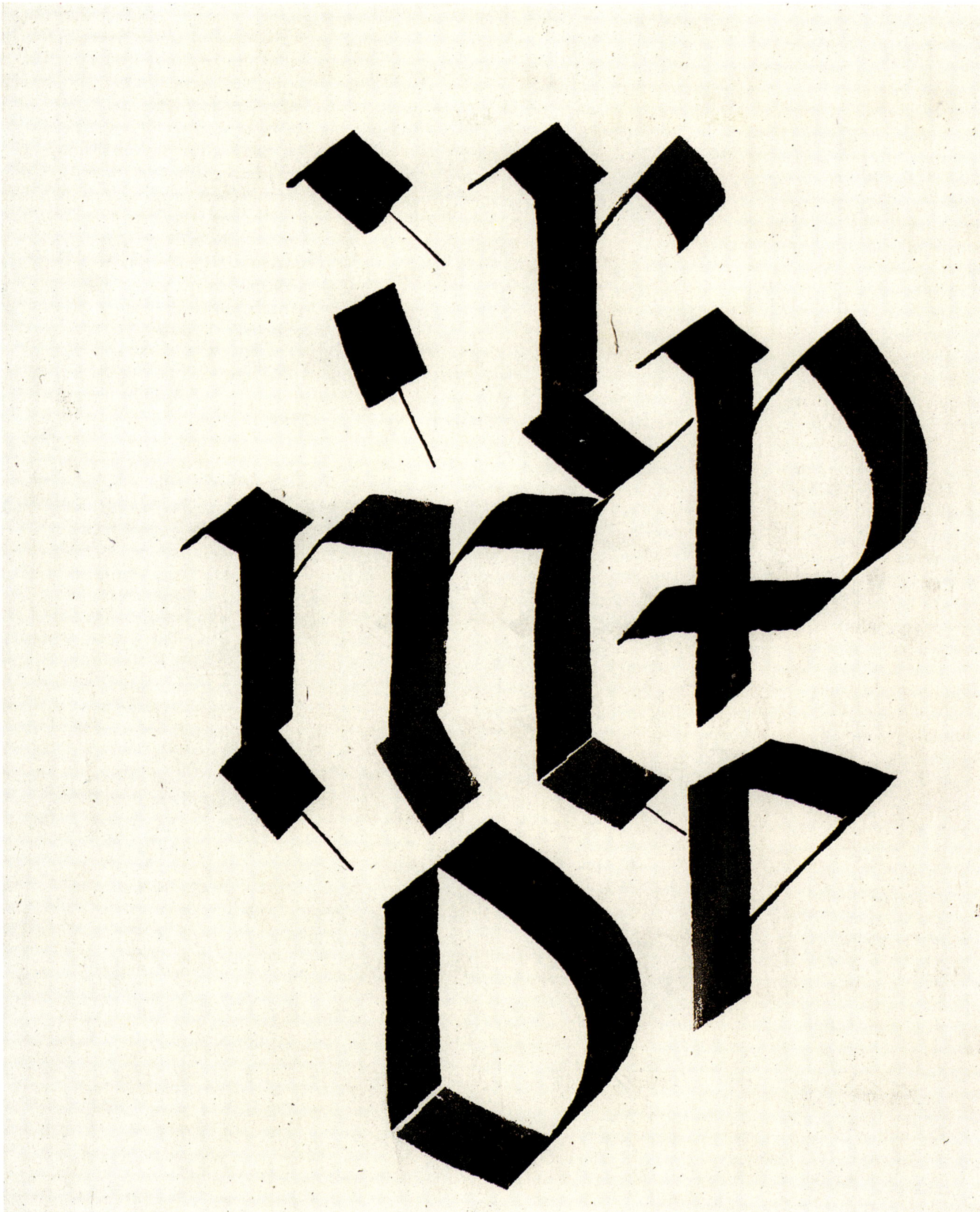

Fraktur

ABCDEFGHIJ

KLMNOPQRS

TUVWXYZ

abcdefghijklmnopqrst

uvwxyz ß ſ & . , : ! ? -

1234567890

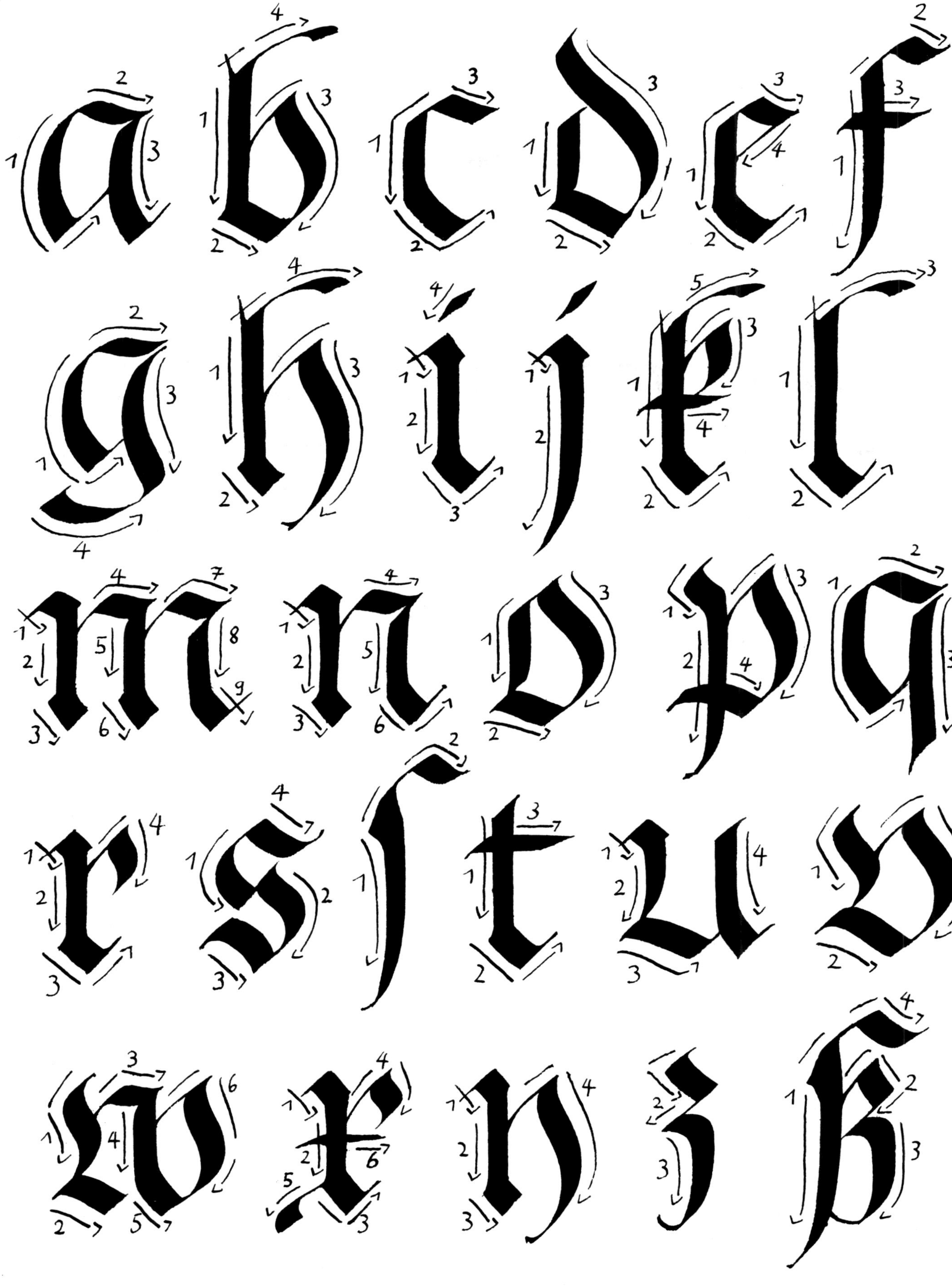
a b c d e f
g h i j k l
m n o p q
r s ſ t u v
w x y z ß

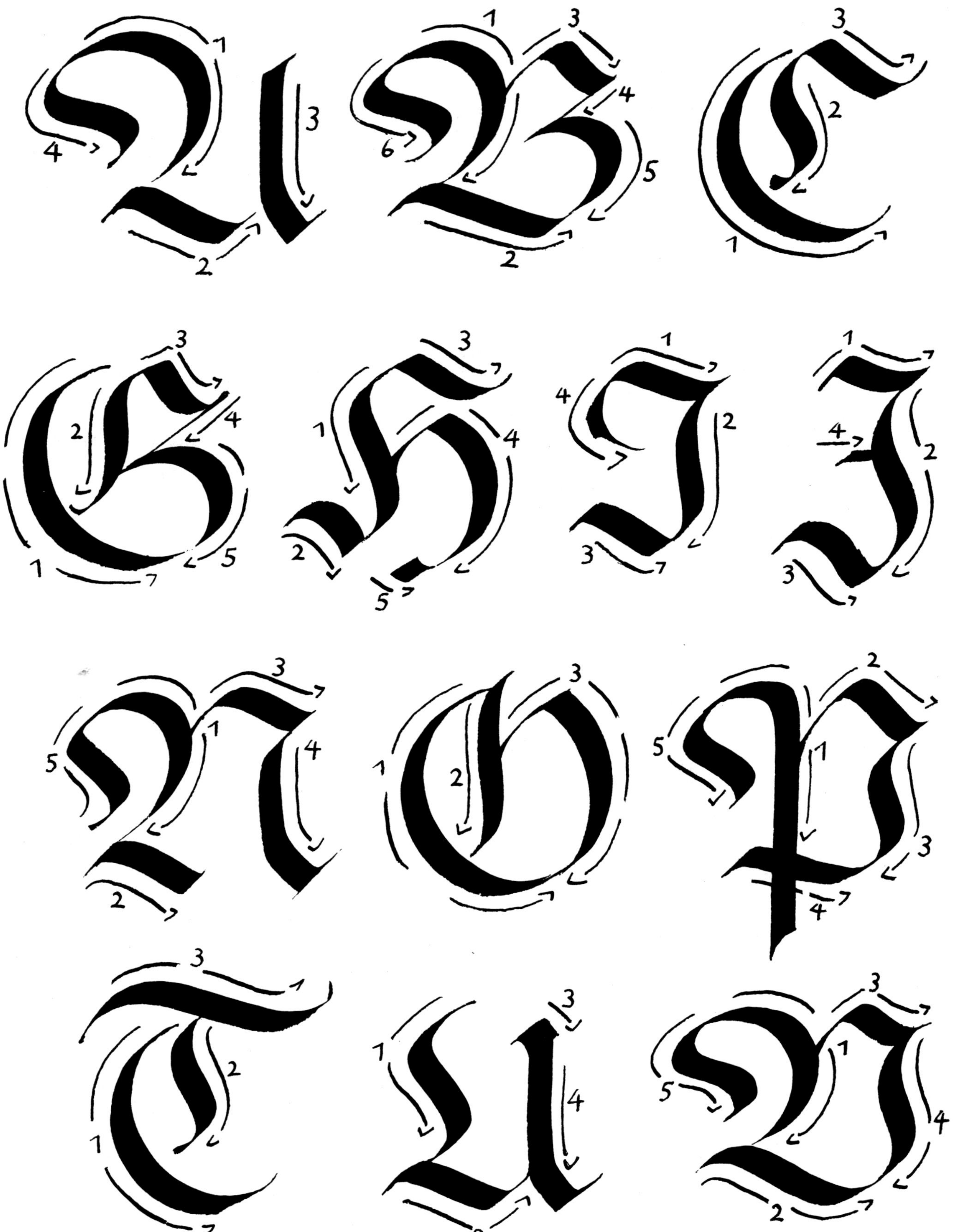

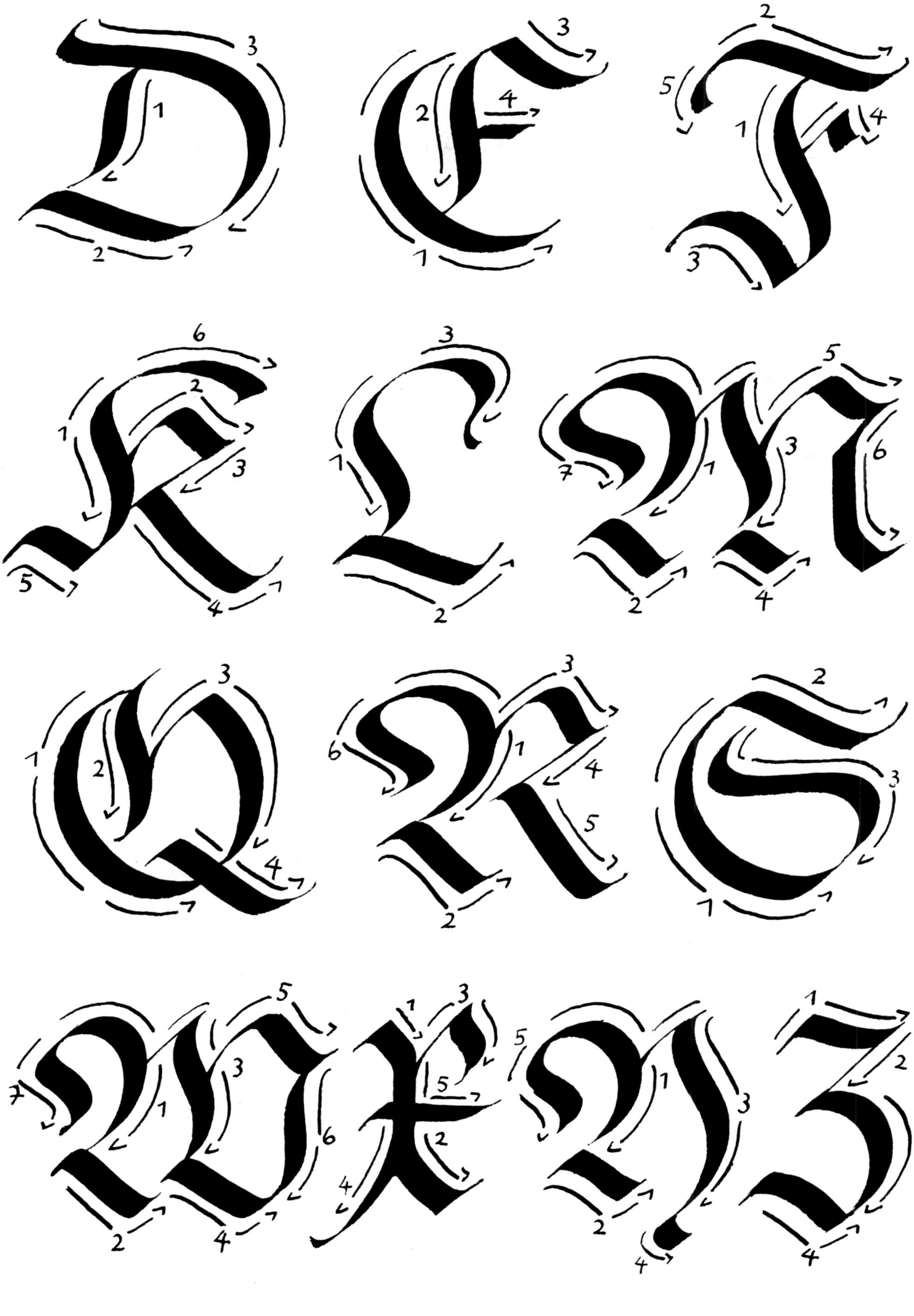

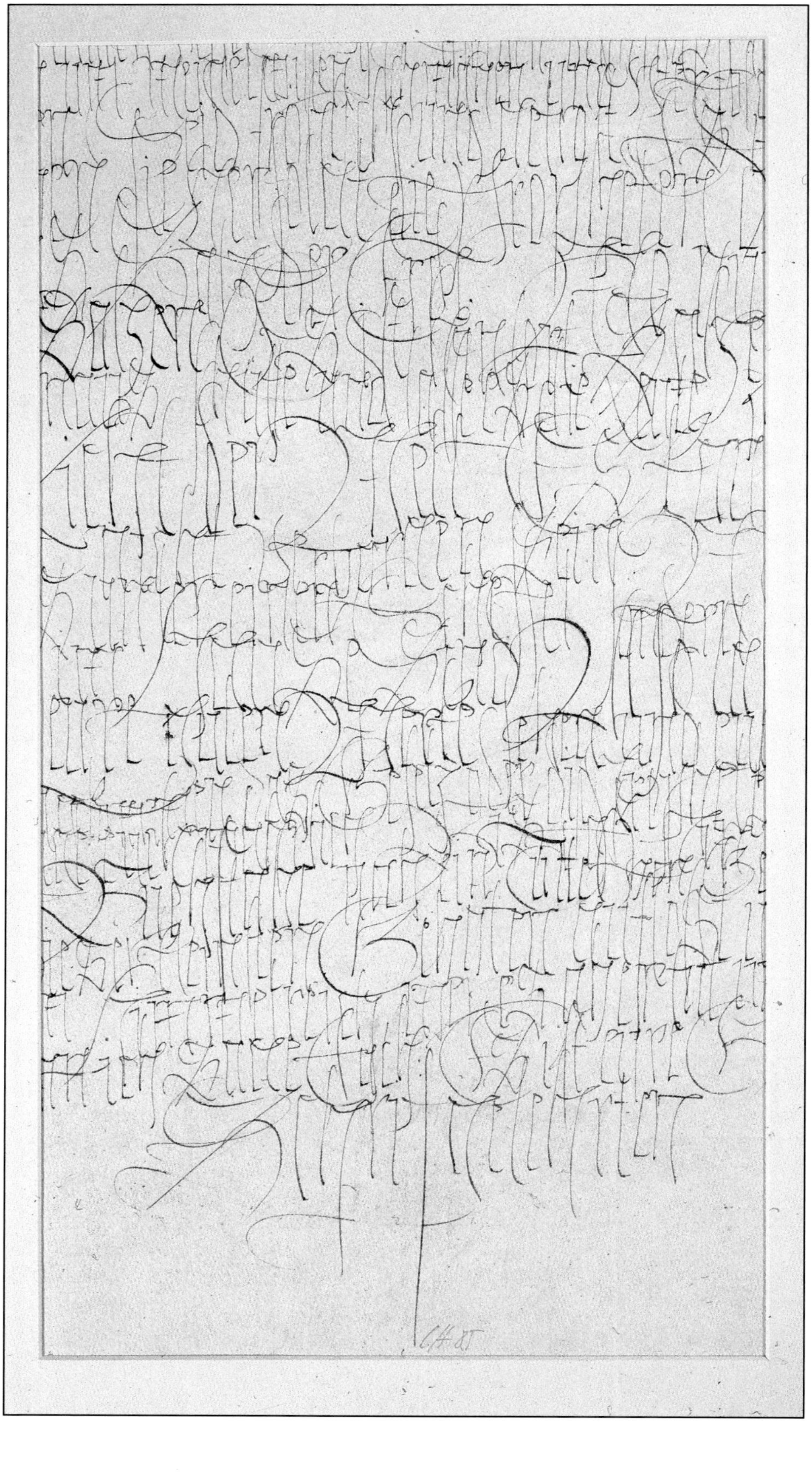

Skizze mit Kanzleifeder auf Aquarellgrund, Fraktur Christine Hartmann

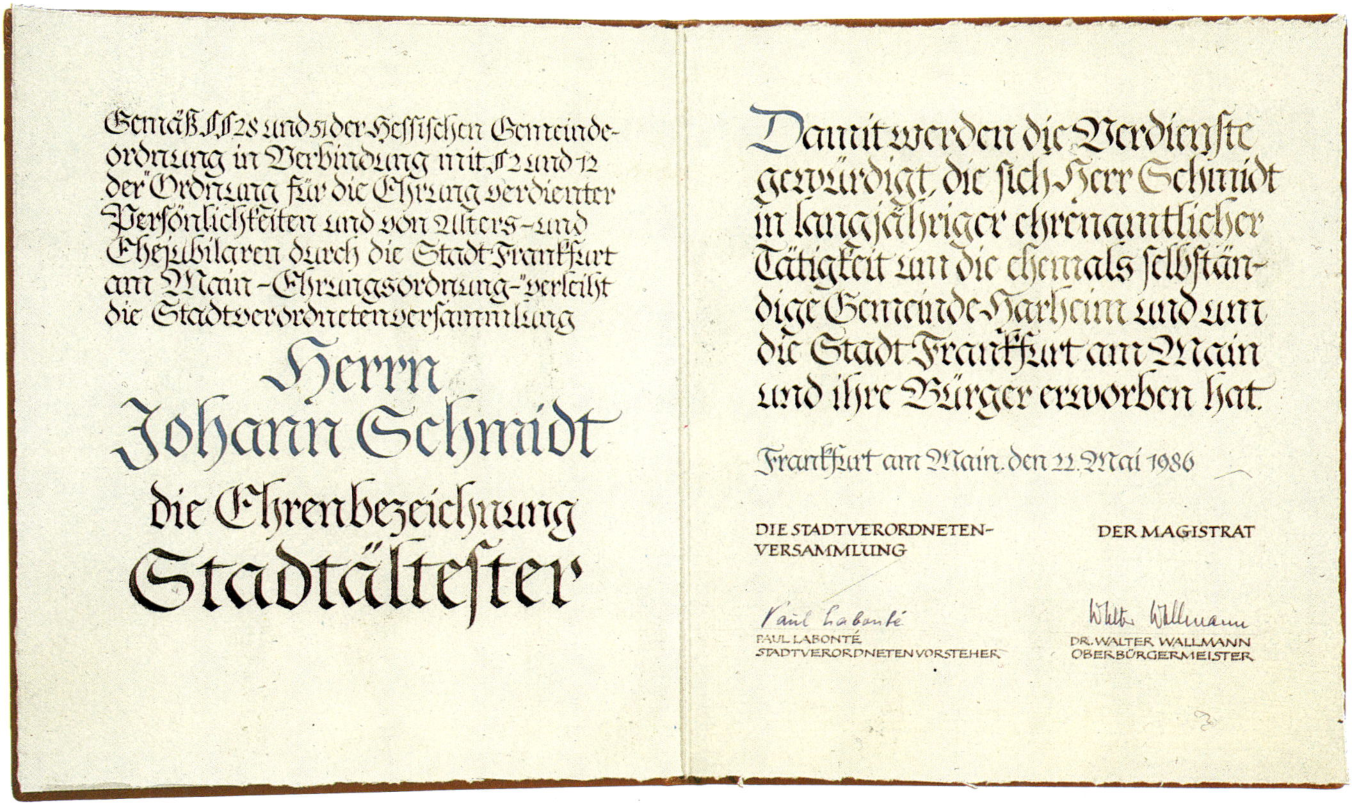

Urkunde in Fraktur
geschrieben 1986
Christine Hartmann

Schwungfraktur: Auffällig an der Schwungfraktur sind die gegabelten Oberlängen der Kleinbuchstaben. Wie bereits erwähnt, bildet die Schwabacher die Grundform für die Großbuchstaben. Hinzu kommen die Elefantenrüssel, die der Schrift einen ausgesprochen dekorativen und verspielten Charakter verleihen (s. S. 95). Wird das Zeilenniveau niedrig gehalten, gewinnt die Schrift an Breite, die Innenräume der Buchstaben werden weiter und das gesamte Schriftbild erscheint dadurch durchlässiger.

Der Zug 1 bei c und e beginnt mit einem Anstrich von rechts nach links. Er ermöglicht den exakten Ansatz von Zug 3, Spitze an Spitze. Das lange s erhält als dritten Zug von oben nach unten gezogen eine abgerundete Spitze. Der Zug 1 wird über der oberen Linie angesetzt.

Bei dem Buchstaben b und verschiedenen anderen wird ein leicht geschwungener Anstrich in einem Zug in die bauchige Rundung geführt.

Der Schaft 1 von a und u wird genau an der Brechung von Schaft 2 mit ihm verbunden.

Eine originelle Variante bei p und langem s erlaubt dem Schreiber beim Zug des Schaftes nach unten, die Feder langsam auf die rechte Kante zu stellen. Für die gegabelten Oberlängen gilt ein leichter Schrägansatz von rechts nach links. Beim Einziehen in die Senkrechte etwas Druck auf die Feder ausüben und im weiteren Verlauf wieder nachlassen. Dann die Feder horizontal zur Senkrechten stellen und an der Verdickung locker nach oben ziehen. Schließlich wird der Buchstabe am rechten Schaftende mit einem Schnick abgerundet. Auch hier empfiehlt es sich, für die Großbuchstaben ein Transparentpapier zu benutzen und sie nachzuschreiben.

Die einleitenden Rundungen, etwa beim A, B und M der Schwabacher, werden nun durch den Elefantenrüssel dekorativ. Auch hier ist wiederum auf die Verbindung der zarten Anstriche zu achten. Als Gegenbewegung zur Rundung ist er straff in die Schräge zu ziehen. Die Versalien leben von Schwüngen, Rundungen, Bewegung und Gegenbewegung. Je graziöser der Übergang von Haarstrich in auslaufende Rundung oder das Offenlassen von zwei aufeinanderstoßenden Zügen gelingt, desto deutlicher tritt der barocke Charakter dieser Schrift hervor. Einem routinierten Schreiber fällt es nicht schwer, mit der Feder zu spielen und die auf Kante gestellte Bandzugfeder zugleich als Zeichenfeder einzusetzen.

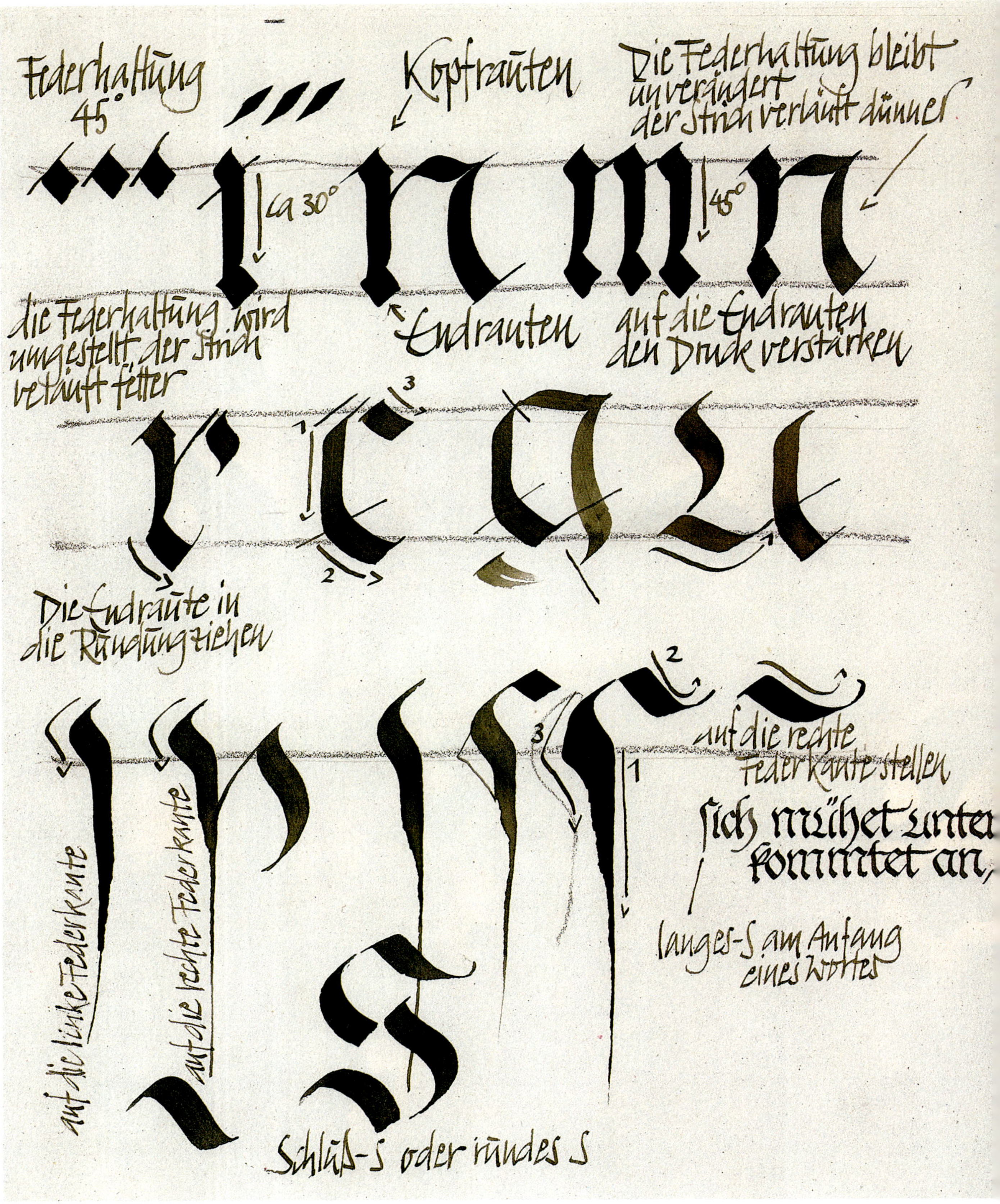
Federhaltung 45°
Kopfrauten
Die Federhaltung bleibt unverändert der Strich verläuft dünner
ca 30°
45°
die Federhaltung wird umgestellt, der Strich verläuft fetter
Endrauten
auf die Endrauten den Druck verstärken
Die Endraute in die Rundung ziehen
auf die rechte Federkante stellen
sich mühet unter kommet an,
langes-s am Anfang eines Wortes
auf die linke Federkante
auf die rechte Federkante
Schluß-s oder rundes s

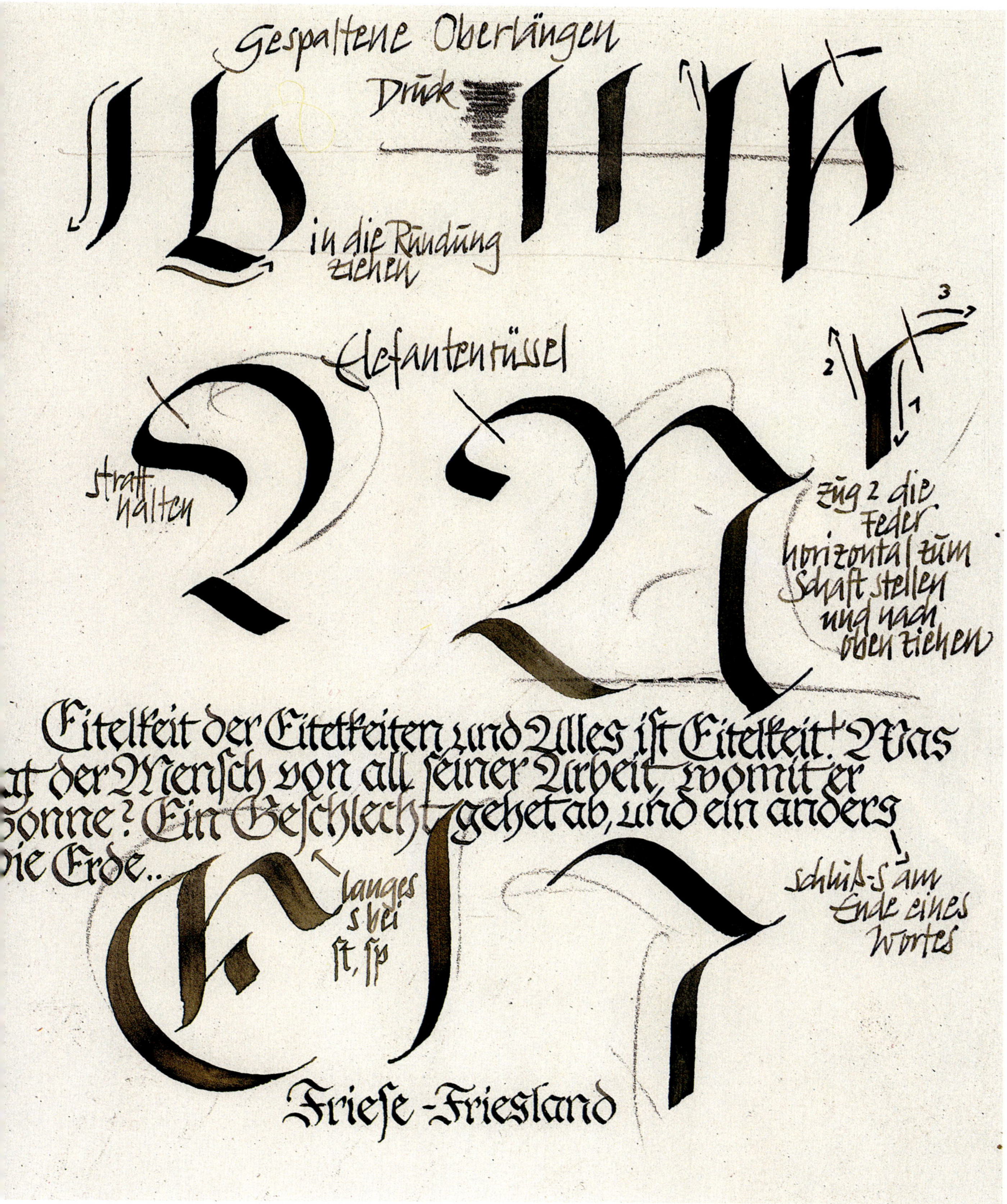
Gespaltene Oberlängen
Druck
in die Rundung ziehen
Elefantenrüssel
straff halten
Zug 2 die Feder horizontal zum Schaft stellen und nach oben ziehen
Eitelkeit der Eitelkeiten und Alles iſt Eitelkeit! Was
at der Menſch von all ſeiner Arbeit, womit er
onne? Ein Geſchlecht gehet ab, und ein anders
ie Erde..
langes s bei ſt, ſp
Schluß-s am Ende eines Wortes
Frieſe - Friesland

Von der Kunstschrift zur Handschrift

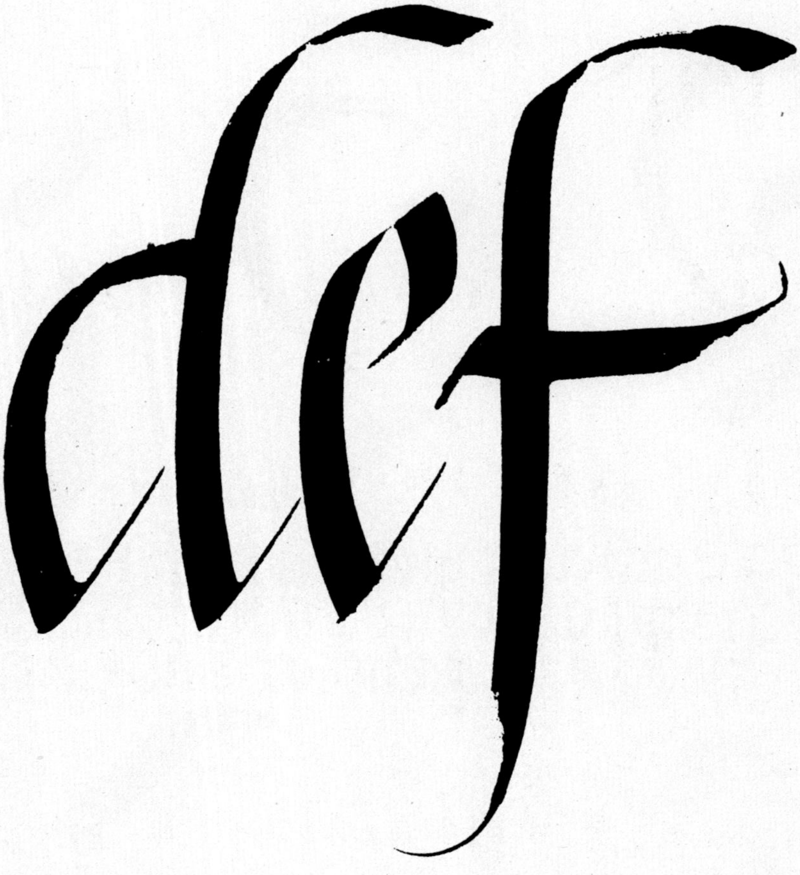

Viele Details aus der Antiqua, der Kursiven und der Fraktur fließen in der hier erstmals vorgestellten Schrift zusammen. Markant sind die stark ausgeprägten Ober- und Unterlängen. Die Federhaltung für diese Schrift beträgt etwa 45°. Der aus der Senkrechten fließende n-Bogen wird von ganz unten nach oben, mit einer unmerklichen Drehung der Feder, in einem Zug wieder nach unten gezogen. Im Verlauf nach unten den Druck auf die Feder verstärken. Der Endstrich wird im gleichen Winkel wie der n-Bogen in einer raschen Bewegung nach oben gerissen. Ohne Linien und rasch geschrieben, bekommt diese Schrift einen Zug ins Handschriftliche. Läßt man die Abschlüsse der Oberlängen weg, beeinträchtigen sie die Lesbarkeit der oberen Zeile nicht. Die Schrift eignet sich für Urkunden und Glückwunschkarten. Die Großbuchstaben sind aus der humanistischen Kursiven entnommen.

Anna Bettina Christel
Dieter Eduard Florian
Gerlinde Hamlet Irma
Jordan Kaufhaus Lore
Martina Nora Ostern
Paul Quelle Rosen Suse
Tauben Urlaub Violine
Wolf Xaver Year Zaun

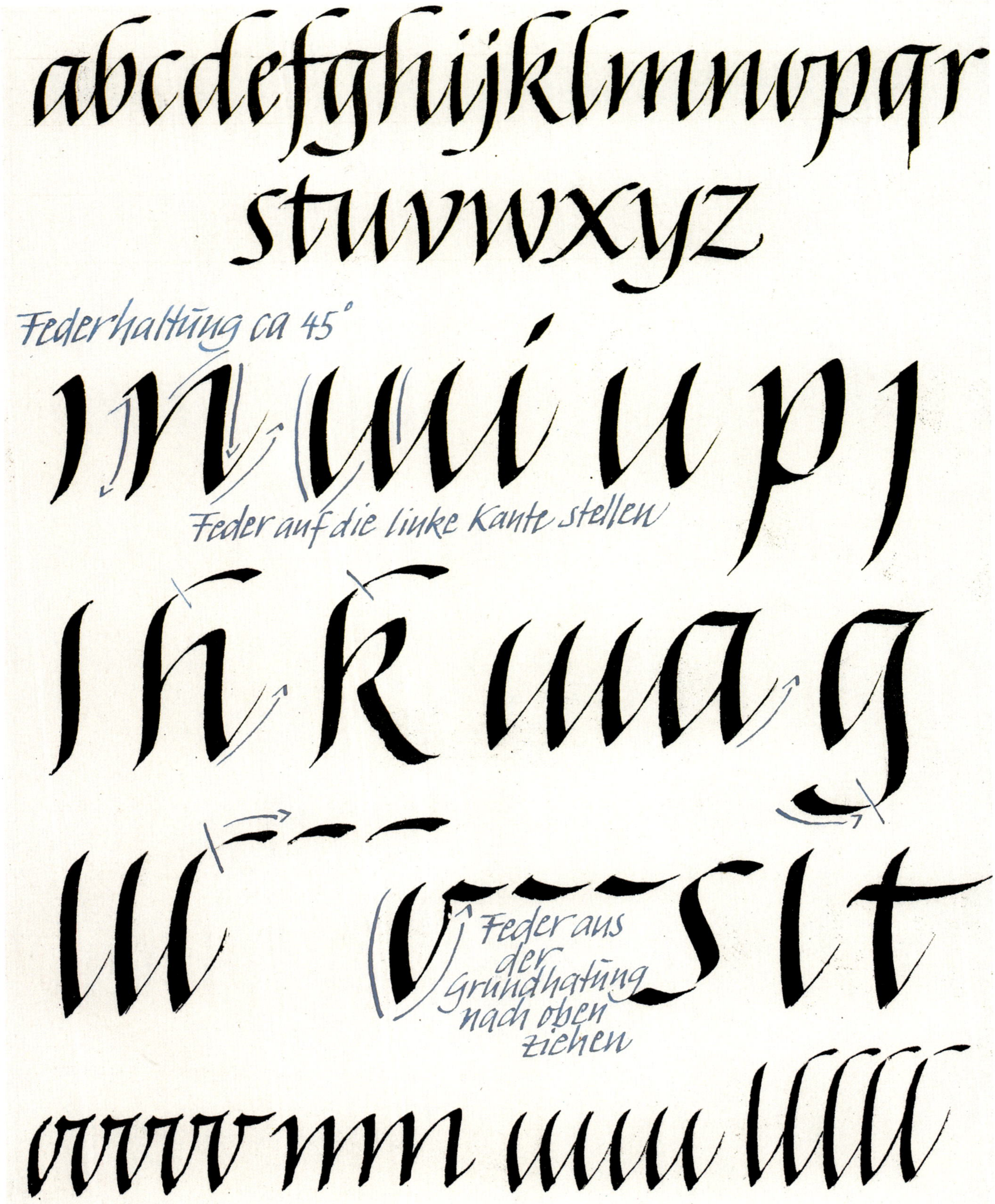
abcdefghijklmnopqr
stuvwxyz
Federhaltung ca 45°
Feder auf die linke Kante stellen
Feder aus der Grundhaltung nach oben ziehen

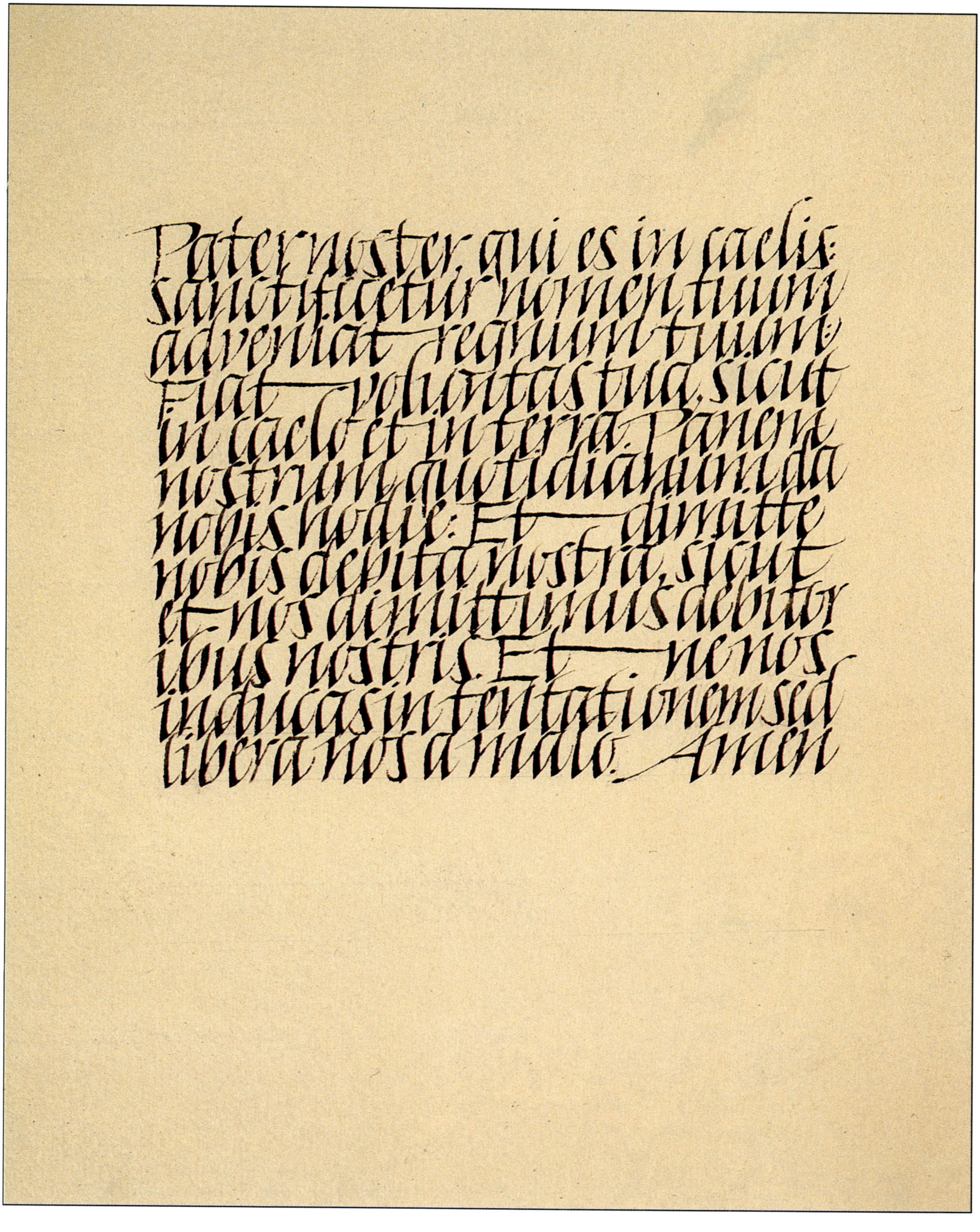
Pater noster qui es in caelis:
sanctificetur nomen tuum
adveniat regnum tuum:
Fiat voluntas tua, sicut
in caelo et in terra. Panem
nostrum quotidianum da
nobis hodie: Et dimitte
nobis debita nostra, sicut
et nos dimittimus debitor
ibus nostris. Et ne nos
inducas in tentationem sed
libera nos a malo. Amen

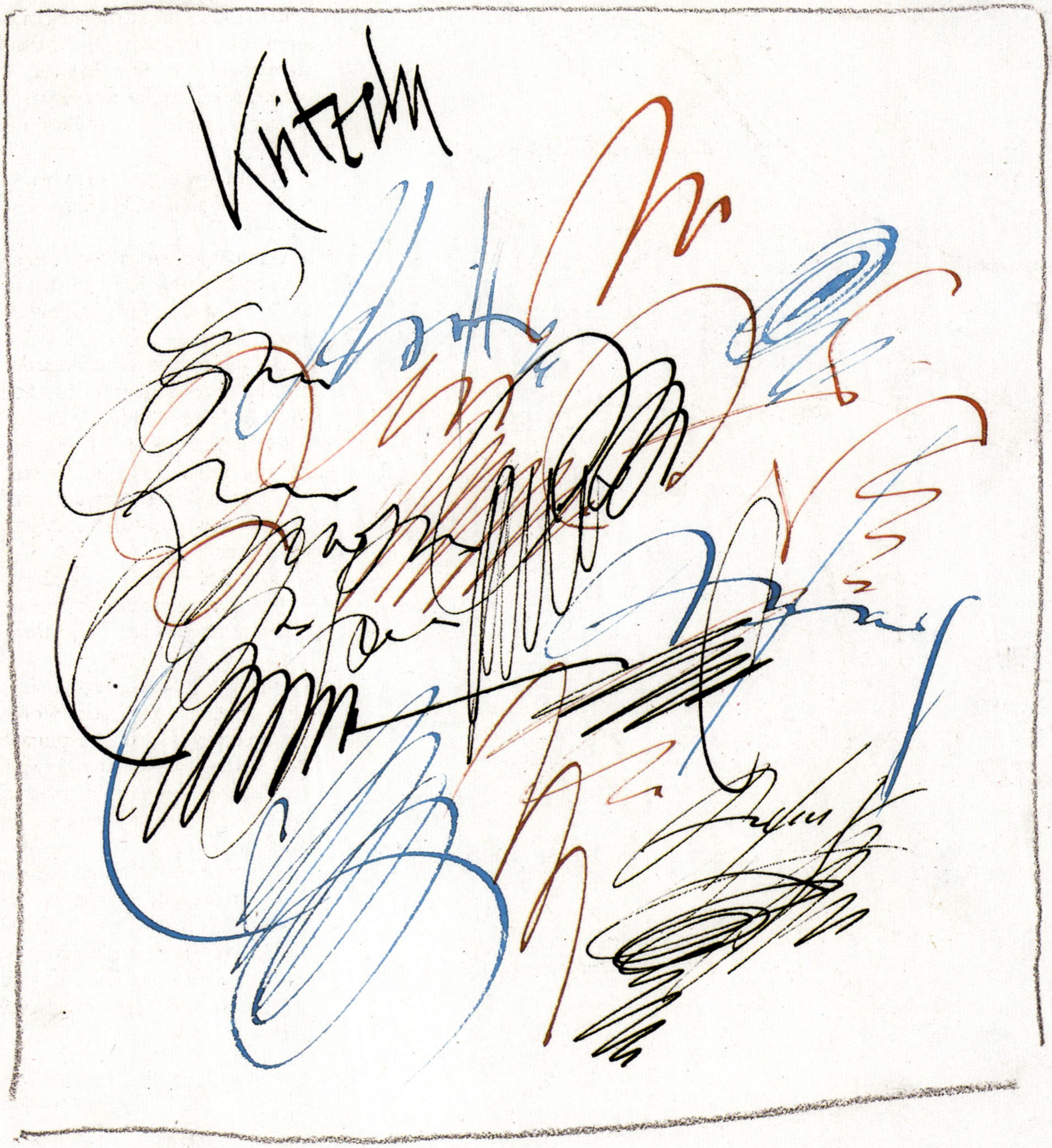

Kritzeln: Sie werden vielleicht sagen, Ihre Handschrift sei unleserlich. Lassen Sie sie, wie sie ist, denn die Handschrift hat nichts mit der Kunsthandschrift zu tun. Wollten Sie sie ändern, wäre sie gekünstelt und die Graphologen hätten nichts mehr zu tun. Möchten Sie aber einen persönlichen Gruß, einen Brief oder eine Karte gut leserlich gestalten, so finden Sie auf der vorangegangenen Seite und auf den kommenden Seiten einige Anregungen. Übrigens, haben Sie noch nie beim Telefonieren auf einem Stück Papier gekritzelt? Diese Seite beginnt mit solch einem Gekritzel. Mit der gleichen Unbefangenheit sollten Sie sich der Kunsthandschrift zuwenden.

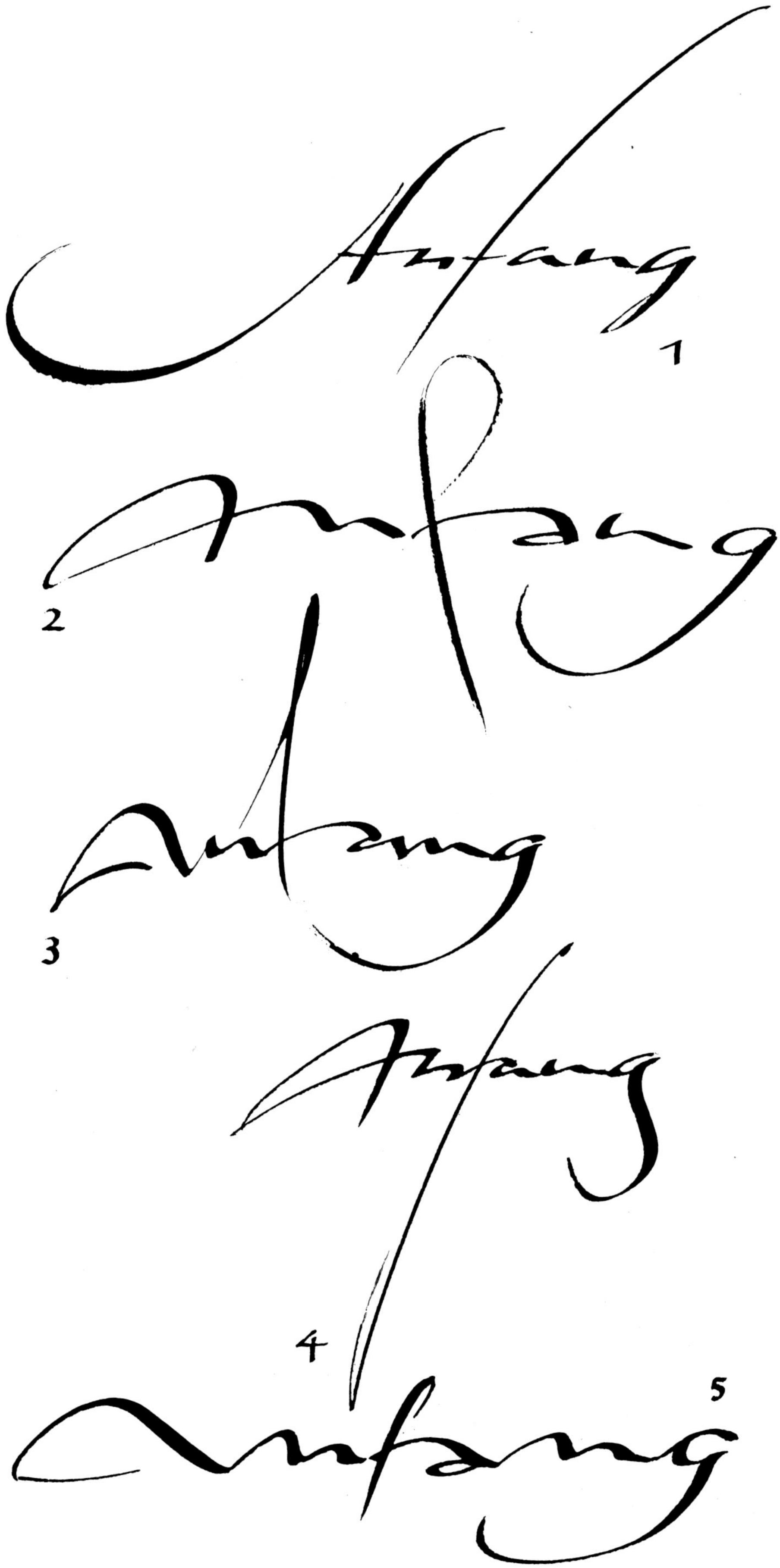

Das Wort Anfang: Am Wort »Anfang« werden die verschiedenen Möglichkeiten, Ober- und Unterlängen zu variieren, durchgespielt. Nicht das buchstabierte Wort steht hier im Mittelpunkt, sondern die Konzentration auf Bewegungsabläufe von Ober- und Unterlängen.

1 Versalschwung, Fortführung des Schwunges in der Oberlänge des Buchstabens f.

2 Verzicht auf einen hervorgehobenen Anfangsbuchstaben zugunsten der Unterlängen von f und g, die aufeinander zuschwingen.

3 Die ausgeprägte Oberlänge des f und der ihr entgegenkommende Schwung des g bilden eine Schaukelbewegung.

4 Das durchgezogene f teilt das Wort Anfang optisch in zwei Hälften.

5 Die verhaltenen Schwünge verleihen dem Wort einen ruhigen und fließenden Charakter.

Damit Ober- und Unterlängen ihre volle Wirkung erzielen können, ist auf einen ausreichenden Zeilenabstand zu achten.

Diese fünf Beispiele zeigen die vielfältigen Möglichkeiten, ein Wort durch Verlagerung des Schwerpunktes auf den Anfang, die Mitte oder das Ende zu gestalten. So versteht man schließlich jedes der fünf Beispiele als eine Komposition.

Die Kompositionsfreiheit bezüglich eines Wortes sollte sich innerhalb eines Textes zugunsten des Ganzen beschränken. Zu viele Schwünge machen das Bild verworren. Die Kunst liegt im Weglassen. Oder anders ausgedrückt: »Weniger ist mehr.«

Handschrift

Amsel Baum Chor Donau Ems

Finger Gloria Himmel Insel Jod

König Liebe Mosel Nebel Obst Pen

Quelle Regen Sonne Tiber Ulme

Vogel Wald Xaver Yeats Zauber

bcefgjnz

nnnnnnnn ////// uuuuuuuu

abcdefghijklmnopqrstuvwxyzß

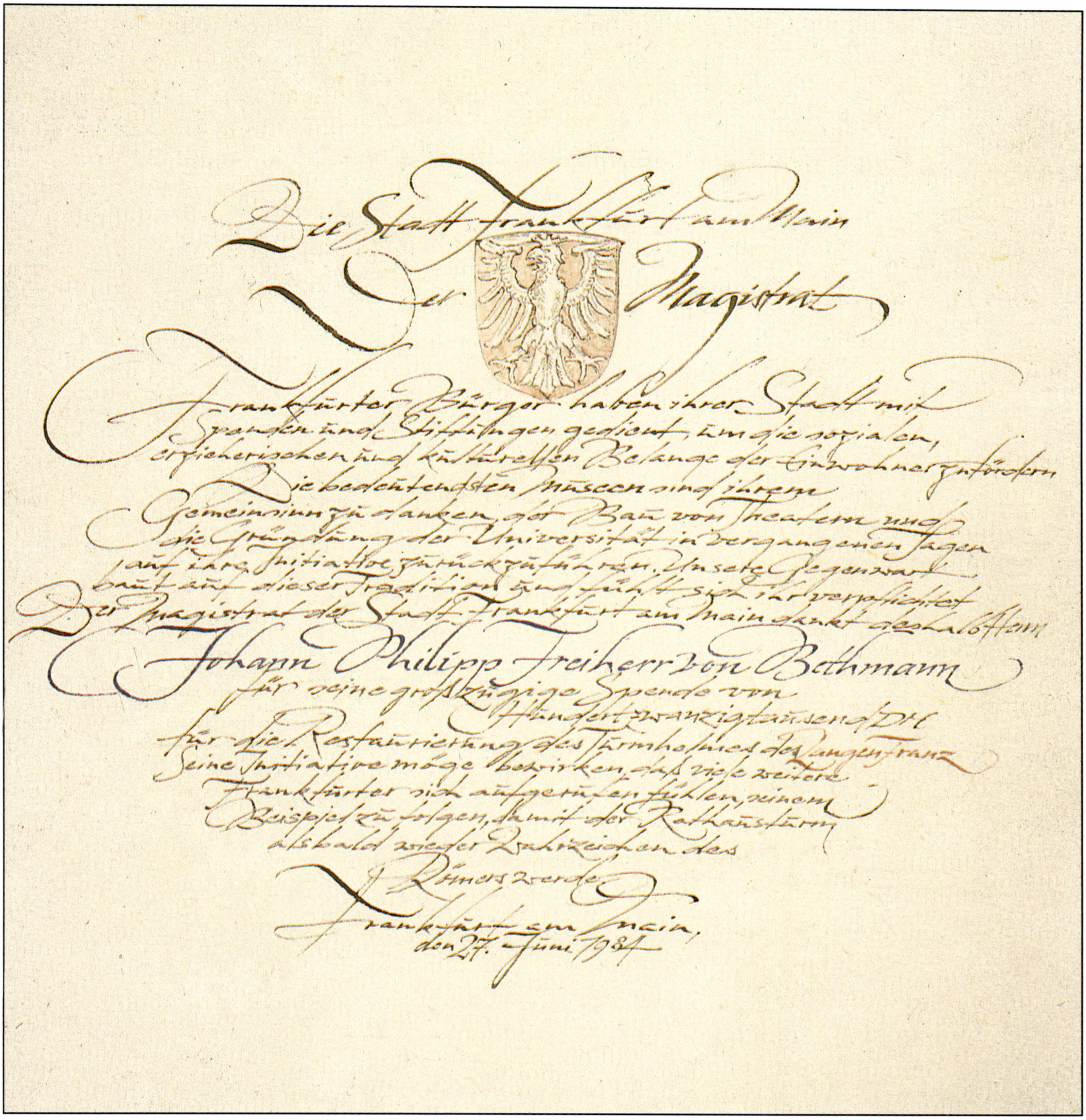
Die Stadt Frankfurt am Main
Der Magistrat
Frankfurter Bürger haben ihrer Stadt mit
Spenden und Stiftungen gedient, um die sozialen,
erzieherischen und kulturellen Belange der Einwohner zu fördern
Die bedeutendsten Museen sind ihrem
Gemeinsinn zu danken, der Bau von Theatern und
die Gründung der Universität in vergangenen Tagen
auf ihre Initiative zurückzuführen. Unsere Gegenwart
baut auf dieser Tradition und fühlt sich ihr verpflichtet
Der Magistrat der Stadt Frankfurt am Main dankt deshalb Herrn
Johann Philipp Freiherr von Bethmann
für seine großzügige Spende von
Hundertzwanzigtausend DM
für die Restaurierung des Turmhelmes des Langen Franz
Seine Initiative möge bewirken, daß viele weitere
Frankfurter sich aufgerufen fühlen, seinem
Beispiel zu folgen, damit der Rathausturm
alsbald wieder Wahrzeichen des
Römers werde
Frankfurt am Main,
den 27. Juni 1984

Urkunde von C. Hartmann geschrieben in der Kunsthandschrift.

Dieses Alphabet bietet die Möglichkeit, dem Duktus der eigenen Handschrift angepaßt zu werden. Das heißt, wer eine steile Handschrift hat, schreibt auch dieses Alphabet steil. Beim Einüben werden die Buchstaben nicht miteinander verbunden, beim späteren flüssigen Schreiben ergeben sich die Verbindungen von selbst. Das große und kleine g wird gleich geschrieben. Die Schräge wird unter die Grundlinie gezogen und der Gegenzug an den Balken. Genauso geschrieben werden das I, S, Y und y. Die Buchstaben, die auf der Grundlinie in die Rundung laufen (C, E, c, e und z), werden in einem Zug gezogen. Die Großbuchstaben L und Z und der Kleinbuchstabe z werden auch in einem Zug, aber unter die Grundlinie gezogen. Das kleine s wird in einem Zug nach links gezogen.

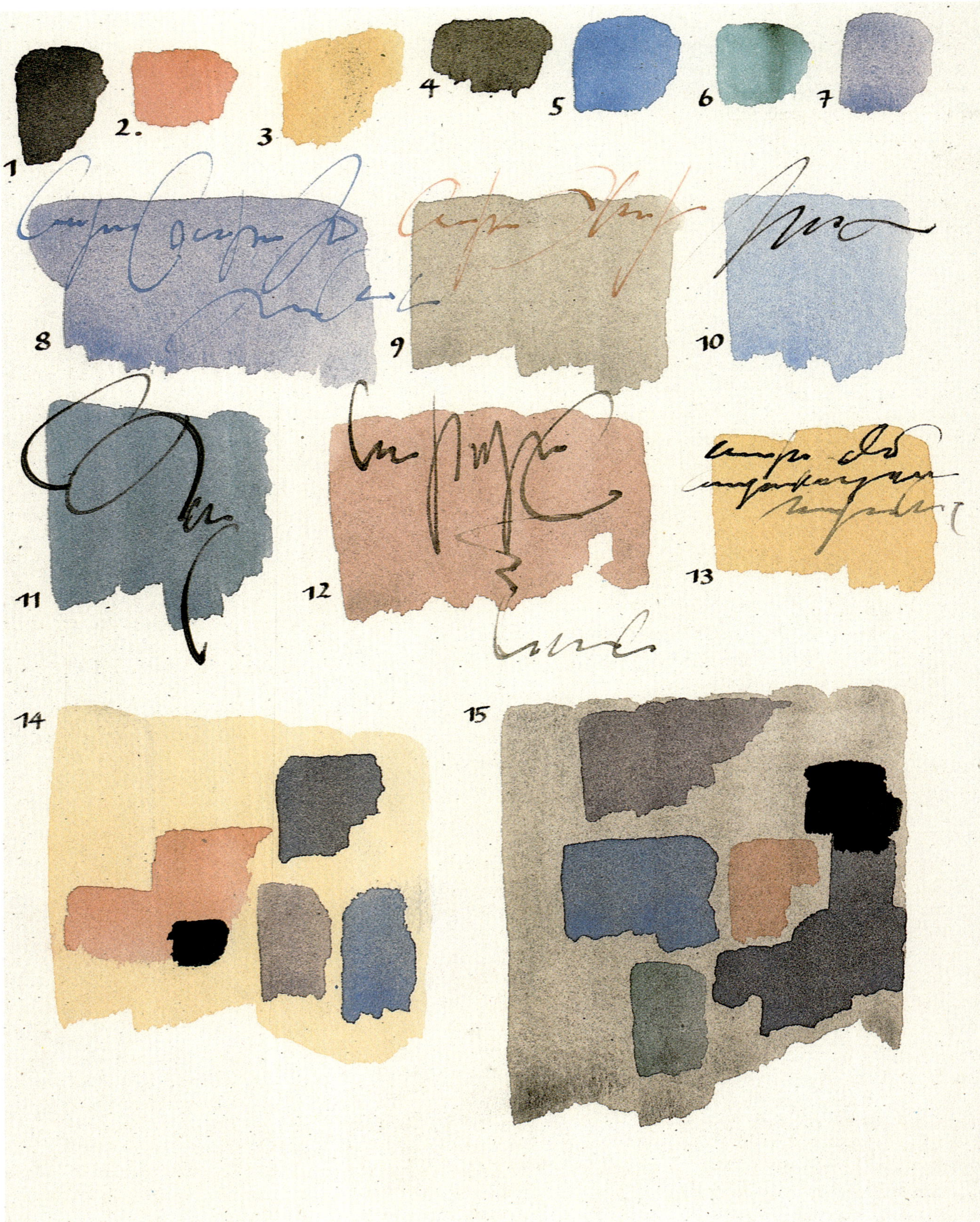
1
2.
3
4
5
6
7
8
9
10
11
12
13
14
15

Eine kleine Farbskala

Eine Handschrift auf aquarelliertem Grund ist sehr reizvoll und gibt dem Schriftbild eine größere Geschlossenheit. Für den Anfang genügt die hier vorgestellte Farbskala:

1. Elfenbeinschwarz
2. Karminrot
3. Goldocker
4. Sepia
5. Kobaltblau dunkel

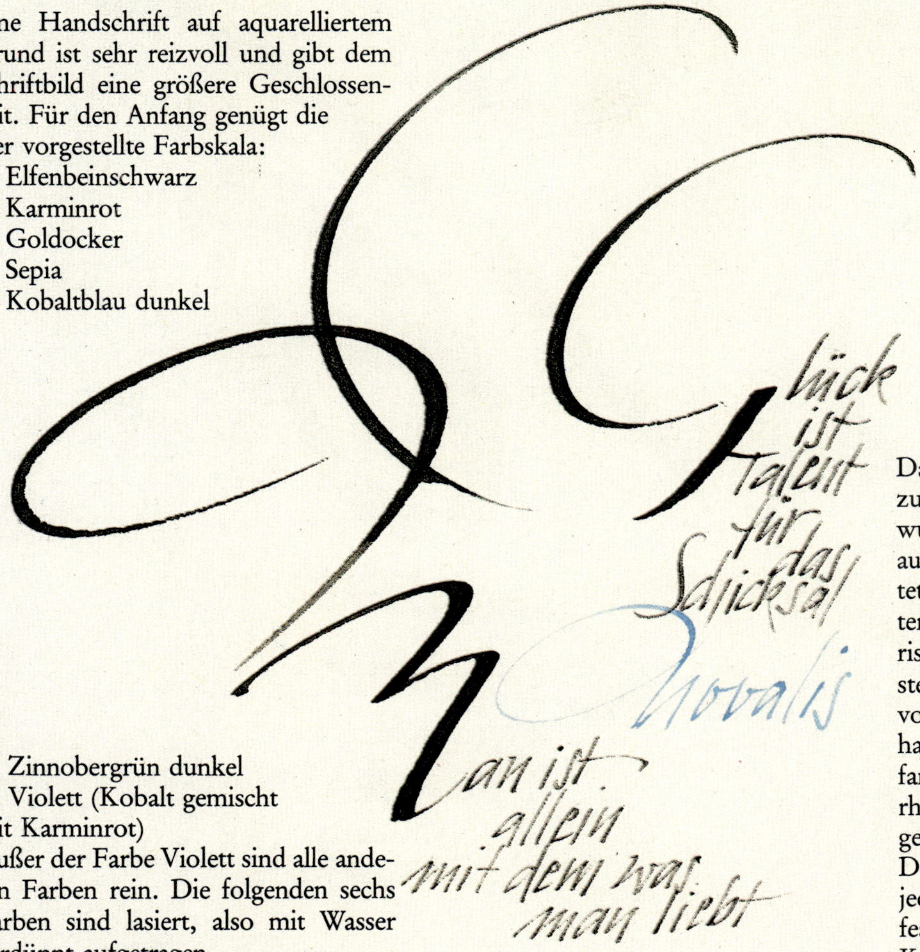

6. Zinnobergrün dunkel
7. Violett (Kobalt gemischt mit Karminrot)

Außer der Farbe Violett sind alle anderen Farben rein. Die folgenden sechs Farben sind lasiert, also mit Wasser verdünnt aufgetragen.

8. Violettlasur, mit reinem Kobaltblau beschrieben.
9. Sepialasur, mit reinem Karminrot beschrieben.
10. Kobaltlasur, mit Sepia beschrieben.
11. Mischung aus Zinnobergrün dunkel und Sepialasur, mit Elfenbeinschwarz beschrieben.
12. Mischung aus Karminrot und Sepialasur, mit Sepia beschrieben.
13. Goldockerlasur, mit Sepia beschrieben.
14. Goldockerlasur als Grund, die aufgetragenen Farbflächen sind: Karminrot rein, Kobalt mit Sepia gemischt, Violett, Kobalt rein, Elfenbeinschwarz.
15. Sepialasur als Grund, die aufgetragenen Farbflächen sind: Violett, Kobalt rein, Karminrot rein, Zinnobergrün rein, Kobaltblau und Sepia gemischt, Elfenbeinschwarz.

Der Tonwert der reinen Farbe wird gebrochen, wenn er auf einen anderen Farbgrund gestellt wird. In der Aquarelltechnik wird der dunkelste Farbton als letzter aufgetragen. Für die Kalligraphie bedeutet dies, sofern es um lesbare Schrift geht, daß die Schrift den dunkelsten Farbton hat.
Wird eine Farbschicht lasierend aufgetragen, kann dieser Vorgang mehrfach wiederholt werden, aber erst dann, wenn jede Schicht abgetrocknet ist. Der erste Farbauftrag, um mehrere Nuancen dunkler geworden, schimmert immer noch durch. In den Beispielen 14 und 15, abgesehen von Kobalt gebrochen, sind die Farben rein aufgetragen und, wie deutlich zu sehen ist, durch den Untergrund in ihrer Leuchtkraft abgeschwächt.

Da der Schrift eigentlich die Funktion zukommt, Inhalte zu vermitteln, wurde früher, von Initialen abgesehen, auf farbige Schrift weitgehend verzichtet. Der dekorative Reiz farbiger Untergründe kommt Vignetten, Aphorismen und kleinen Gedichten am ehesten zugute. Die beiden Aphorismen von Novalis sind ein Beispiel für das handschriftliche Alphabet. Als Anfangsbuchstabe ein Schwungbuchstabe, rhythmisch versetzt und ohne Linien geschrieben.
Die Skizze soll veranschaulichen, daß jeder Schwung am Ende seines Verlaufes die Tendenz in eine rückläufige Kreisbewegung hat.

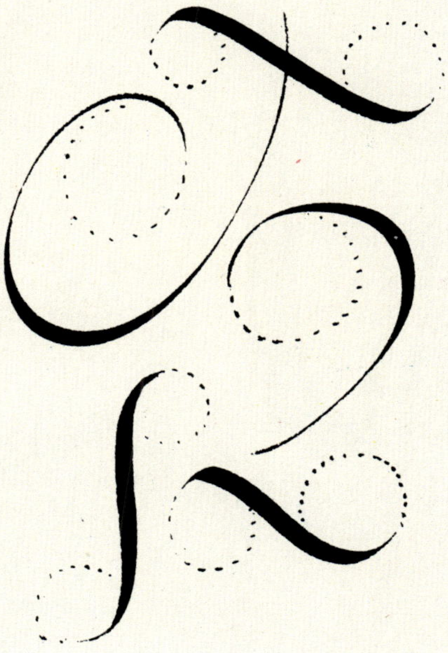

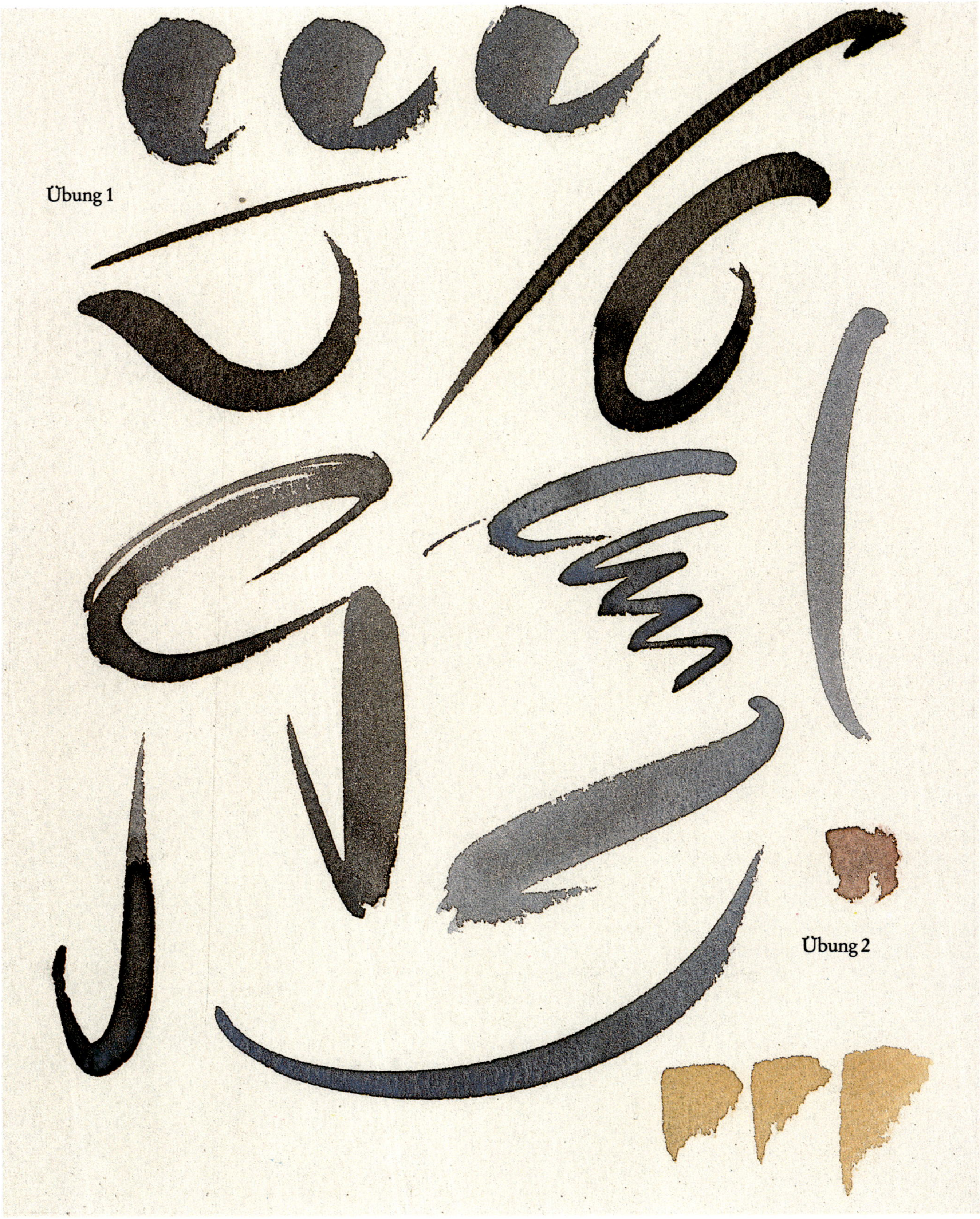
Übung 1
Übung 2

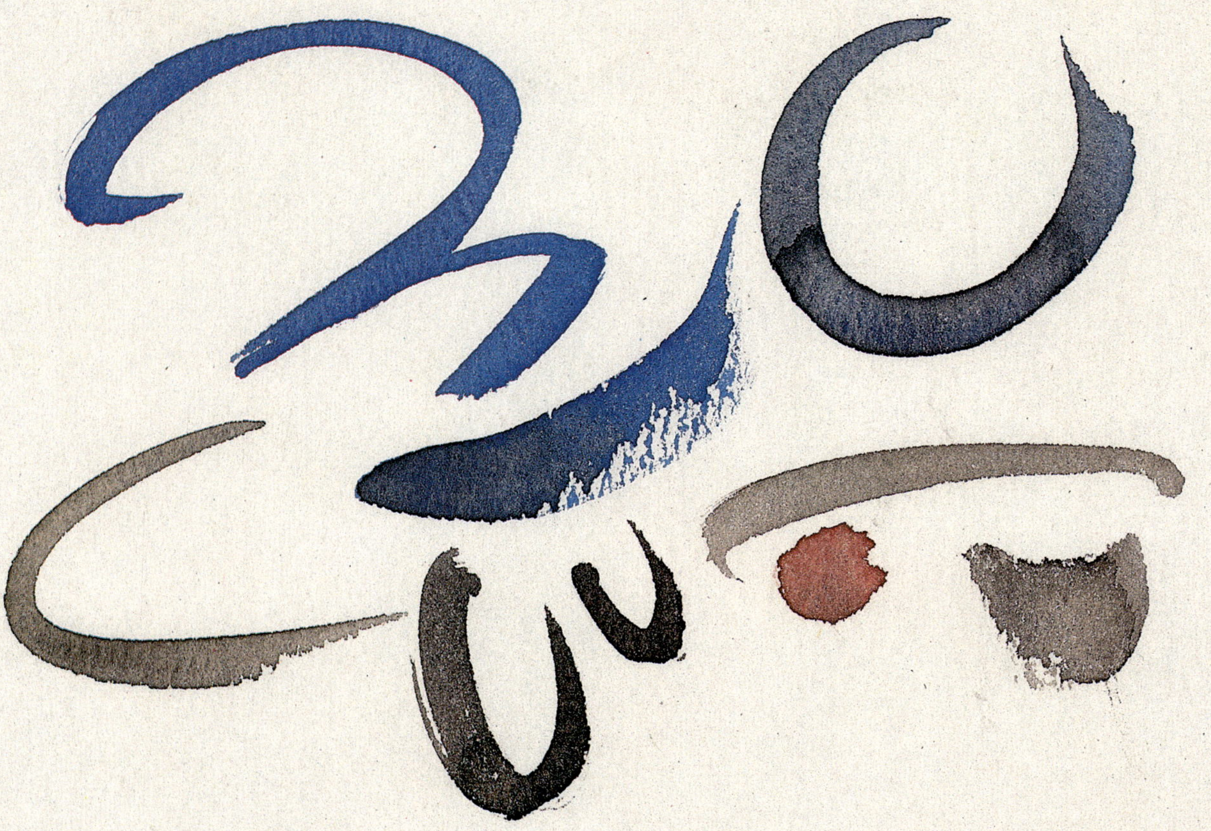

Aquarellpinsel

Der Aquarellpinsel wird in der Grundhaltung wie der Federhalter geführt. Er wird allerdings lockerer gehalten. Alle Züge der Bandzugfeder lassen sich auf den Pinsel übertragen. Da er aber leichter auf Druck reagiert, kann der auf dem Papier mit seiner Unterseite aufliegende kleine Finger die Bewegung des Pinsels führend und abstützend begleiten.

Übung 1 Man stelle sich eine imaginäre Linie vor, halte den Pinsel parallel dazu und hebe ihn mit leichtem Druck in einer knickenden Bewegung nach rechts ab.

Übung 2 Pinsel ebenfalls parallel stellen und mit einem leichten Druck in einer knickenden Bewegung nach unten abheben. Im Sinne einer motorisch-rhythmischen Übung soll diese Bewegung wiederholt werden, bis keine Farbe mehr im Pinsel ist. Da der Pinsel leicht auf Druck und Druckrücknahme reagiert, können in einem Pinselzug Schattierungen von Hell und Dunkel entstehen. Dieser Reiz kann noch verstärkt werden, wenn in den Pinsel zwei Farben, etwa Blau und Rot, aufgenommen werden. Beim Ziehen gibt der Pinsel zuerst die zuletzt aufgenommene Farbe ab, dann folgt die rote Farbe und auf dem Papier fließen sie zu Violett zusammen. Wird der Pinsel auf die Spitze gestellt, entsteht ein Haarstrich. Wird er von oben nach unten oder umgekehrt geführt, läßt sich der Zug bei dünnem Ansatz, den Druck verstärkend, bis zu seiner doppelten Breite ausziehen. Im Gegensatz zur Feder wird der Pinsel immer rasch gezogen. Mit zunehmender Sicherheit wächst auch der Mut, die Strichbewegungen aus Arm und Handgelenk heraus auf das Papier zu werfen. Das preiswerte Ingres-Papier und die Zeichenblöcke sind zum Üben gut geeignet. Von den unverhältnismäßig teuren Aquarellblöcken ist abzuraten. Günstiger sind lose Aquarellkartons und alle anderen Büttenpapiere. In keinem Fall zu stark gehämmerte und gebleichte Aquarellkartons verwenden. Der Naturton eines guten Papiers geht ins Elfenbeinfarbene. Wichtig ist, daß die Papiere die Farbe gut annehmen.

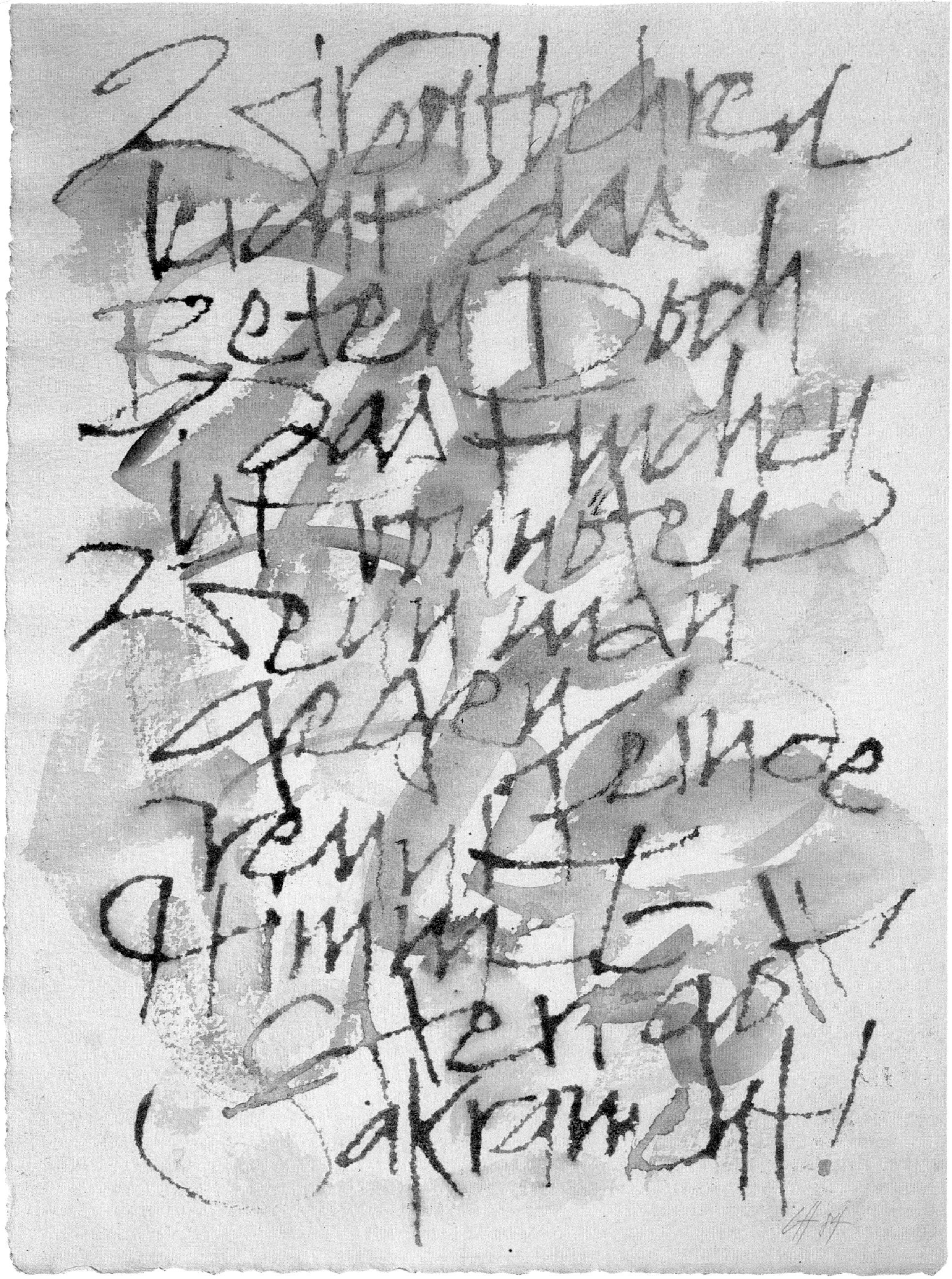

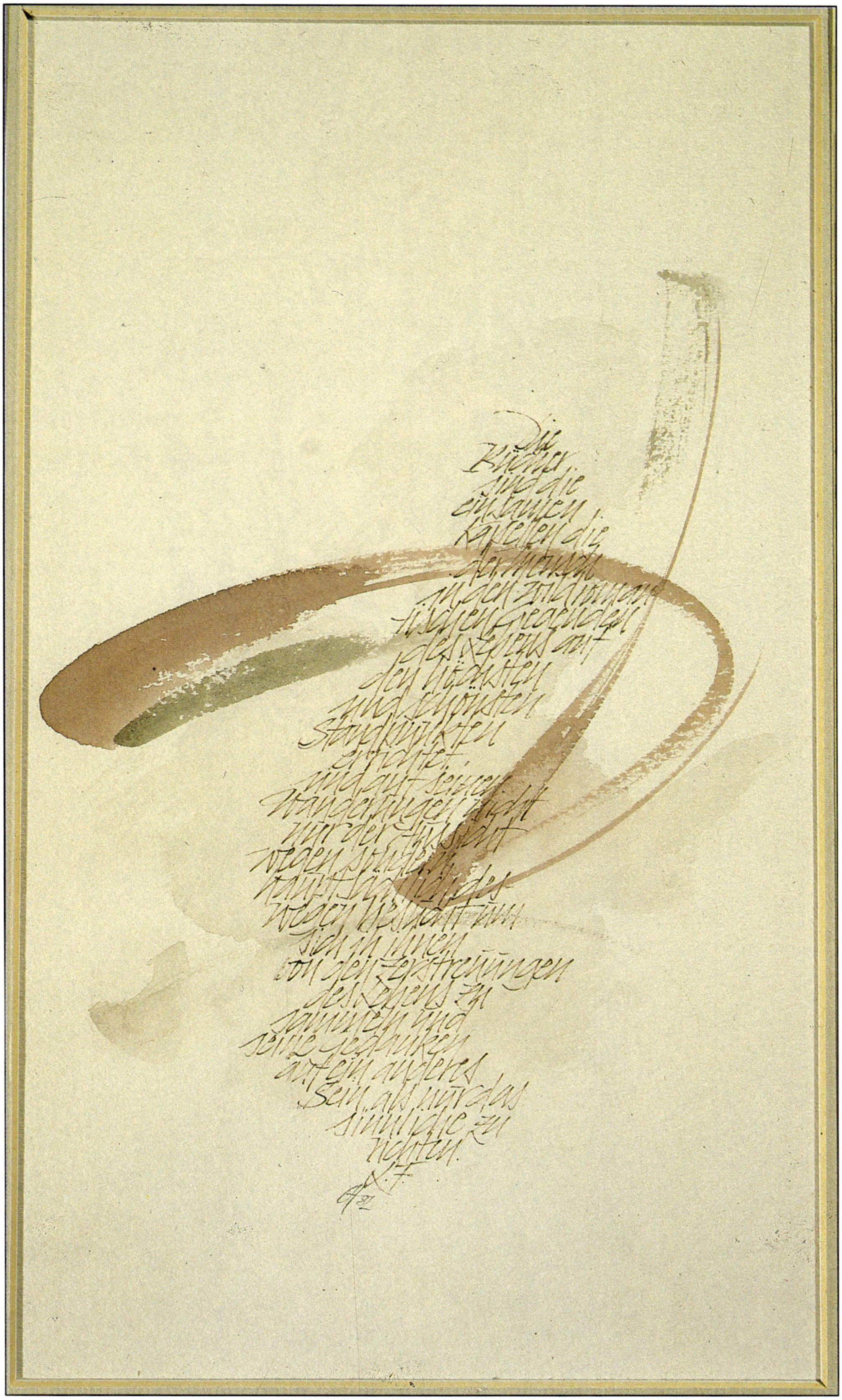

Links:
Aquarelltechnik mit Pinsel und Rohrfeder auf Aquarellkarton

Gedicht von Heinrich Heine
Stoßseufzer

Unbequemer neuer Glaube
Christine Hartmann

Rechts:
Schwunginitial D
auf Aquarellgrund mit rhythmisch eingezogener Künstlerhandschrift

Aphorismus
von Ludwig Feuerbach

Christine Hartmann

Kleine Galerie

Die hier vorgestellten Werke sind Schülerarbeiten
aus der Schreibwerkstatt des Klingspor-Museums in Offenbach.

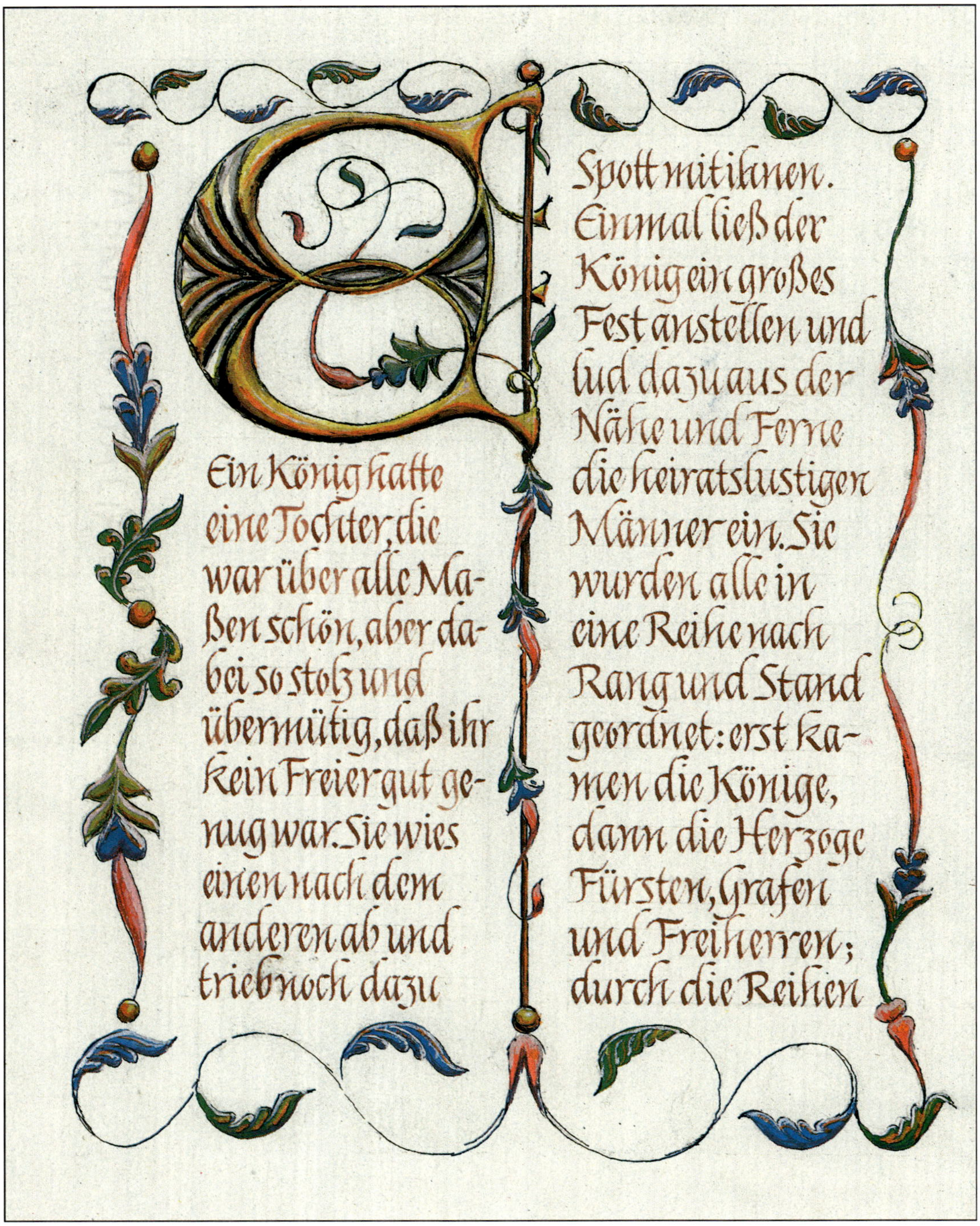

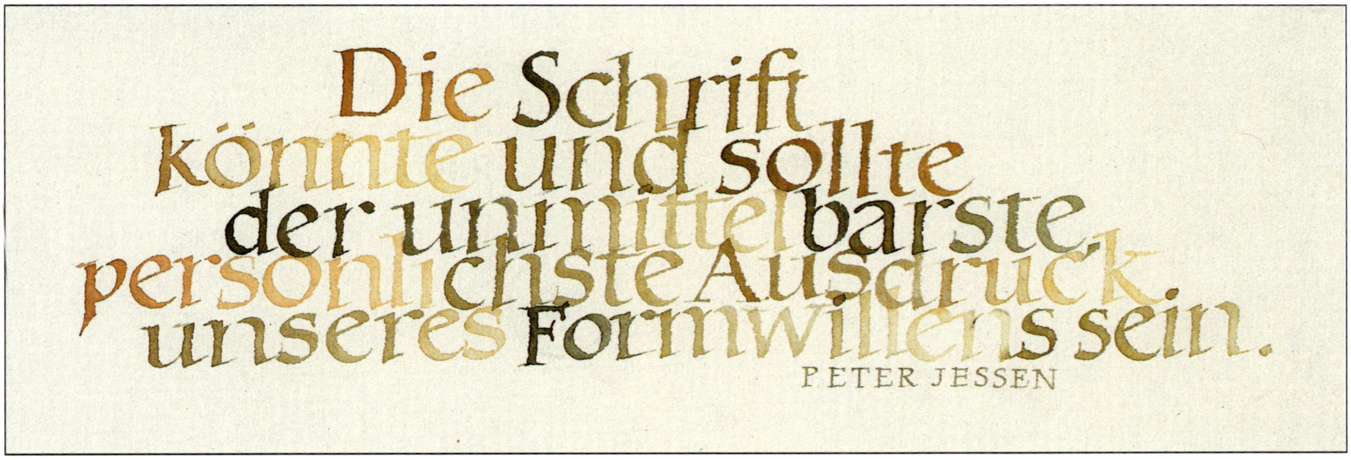

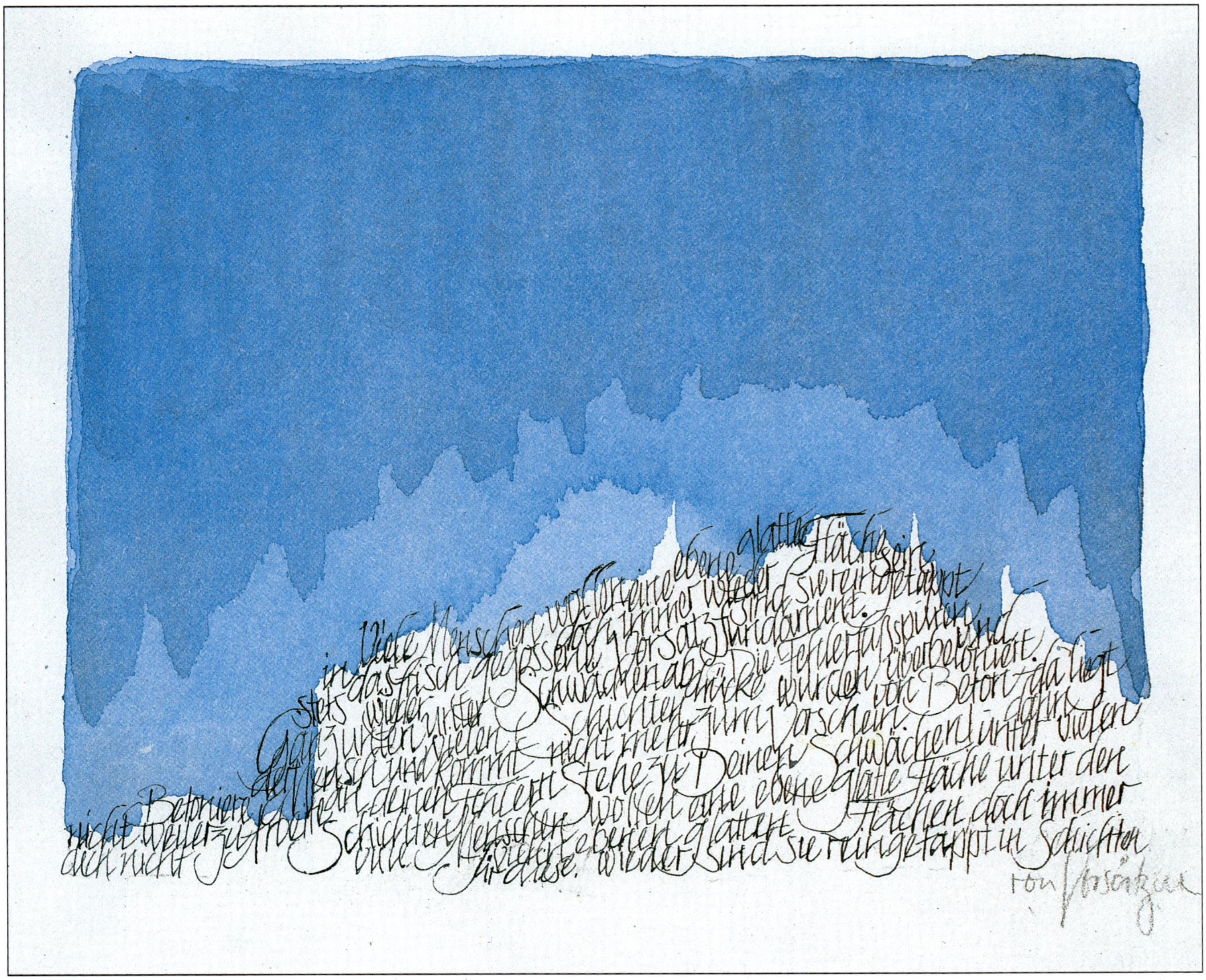

Links: Buchseite mit Initial
von Rudolf Ritter, Rentner

Oben: Aquarellierte Schrift
von Jacob Schulligen,
Graphik-Design-Student

Unten: Lasierter Aquarellgrund
mit Handschrift
von Bärbel Hanß, Technische Zeichnerin

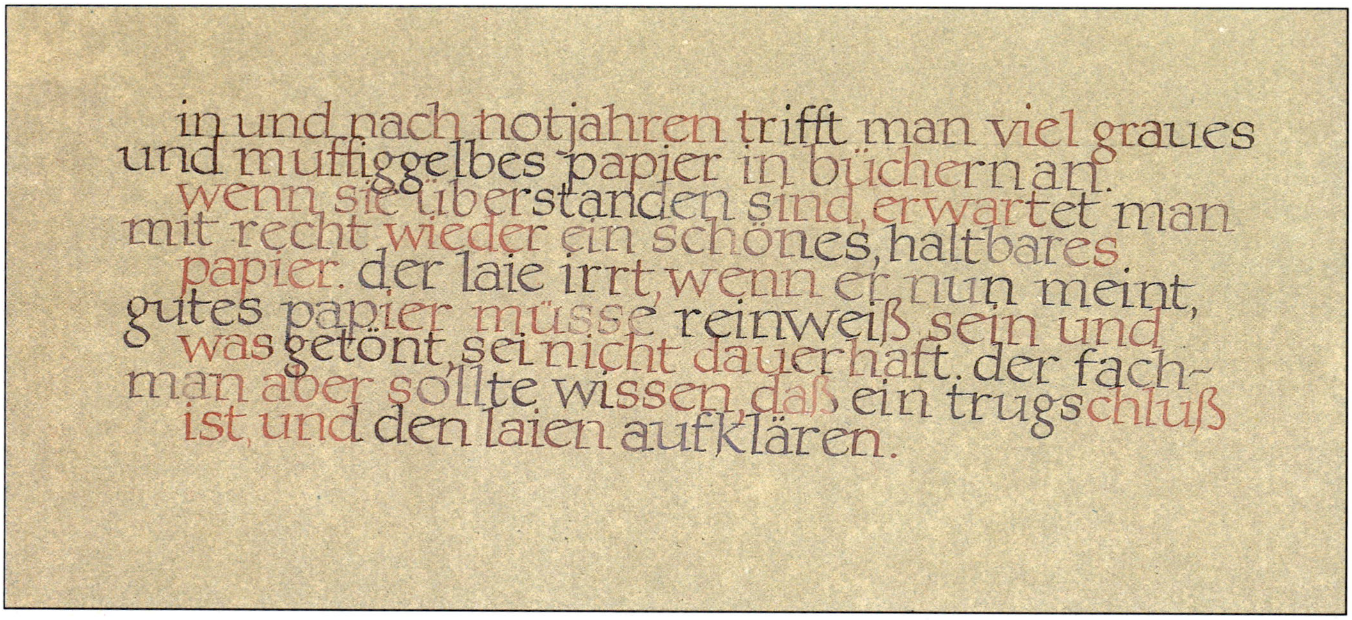
in und nach notjahren trifft man viel graues
und muffiggelbes papier in büchern an.
wenn sie überstanden sind, erwartet man
mit recht wieder ein schönes, haltbares
papier. der laie irrt, wenn er nun meint,
gutes papier müsse reinweiß sein und
was getönt, sei nicht dauerhaft. der fach-
man aber sollte wissen, daß ein trugschluß
ist, und den laien aufklären.

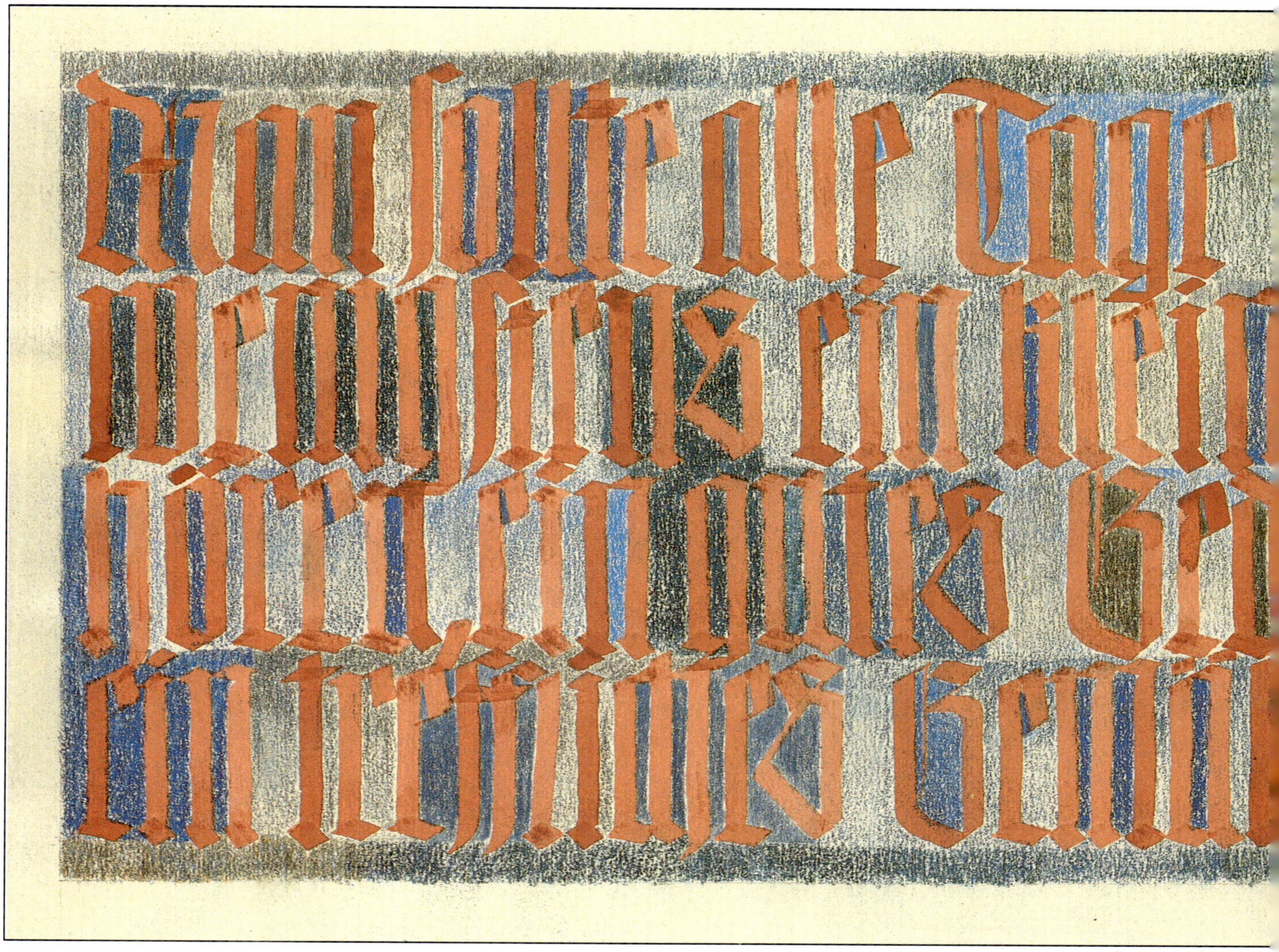
Man sollte alle Tage
wenigstens ein klei
hören ein gutes Ge
ein treffliches Gemä

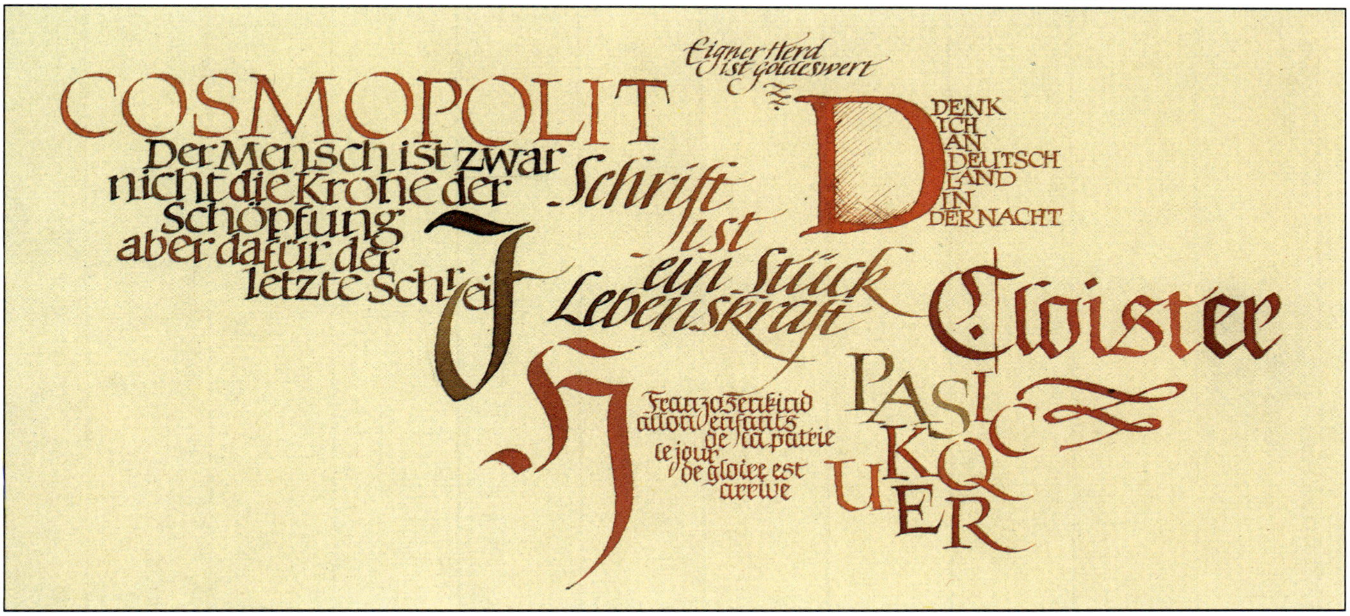

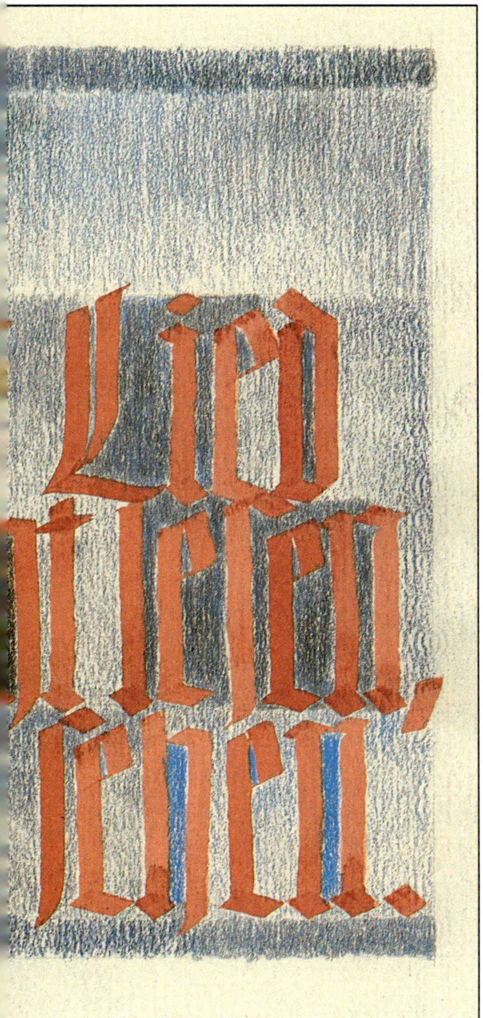

Links oben: Aquarellierte Schrift, ohne Linien geschrieben, von Andrea Linz, Kaufmännische Angestellte

Oben: Schriftkomposition mit Tusche von Angelika Richter, Graphik-Design-Studentin

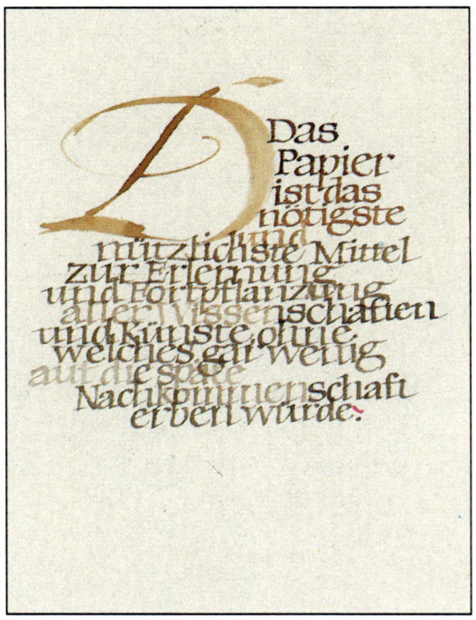

Links: Teppichentwurf in Buntstift und Aquarell von Luise Oppermann, Pensionärin

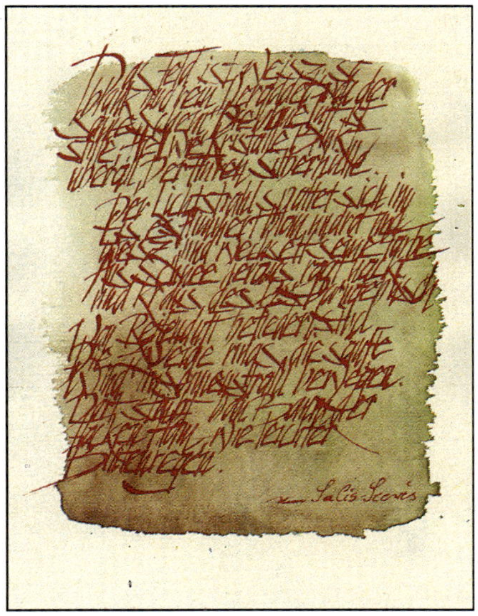

Oben: Schrift auf Aquarellgrund von Johanna Zausch, Hausfrau

Links: Text mit Initial von Jacob Schulligen, Graphik-Design-Student

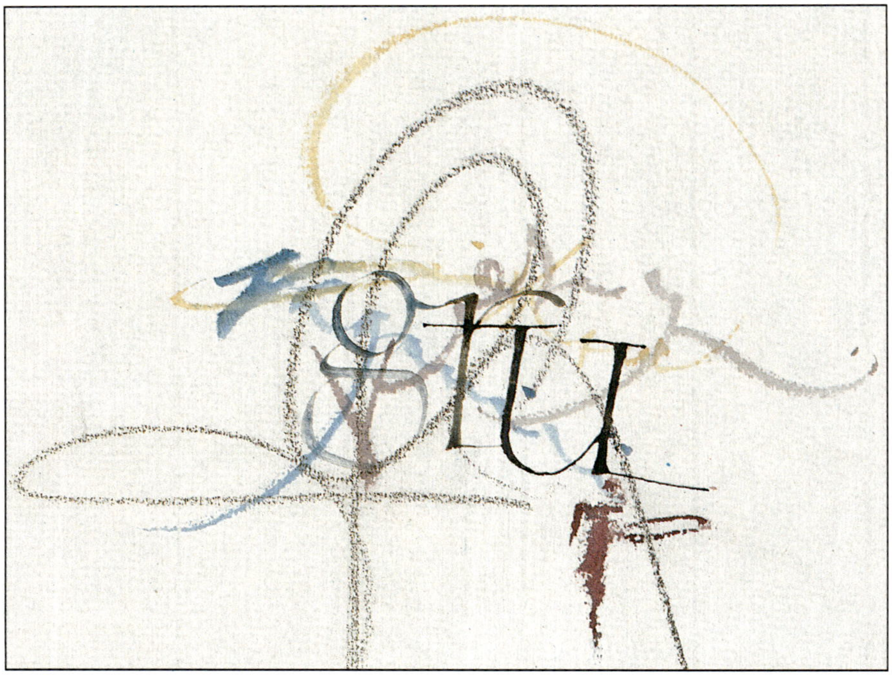

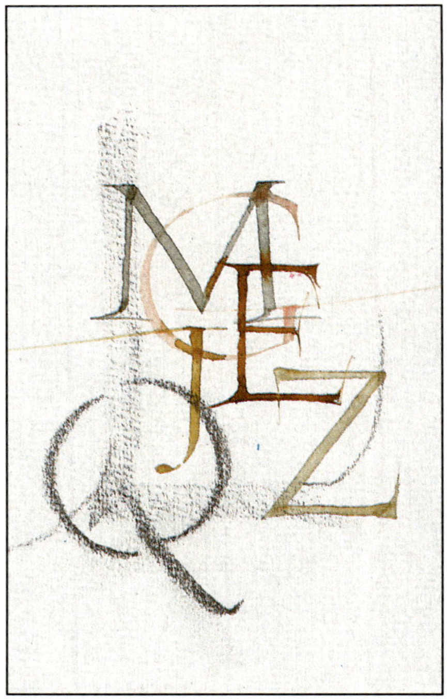

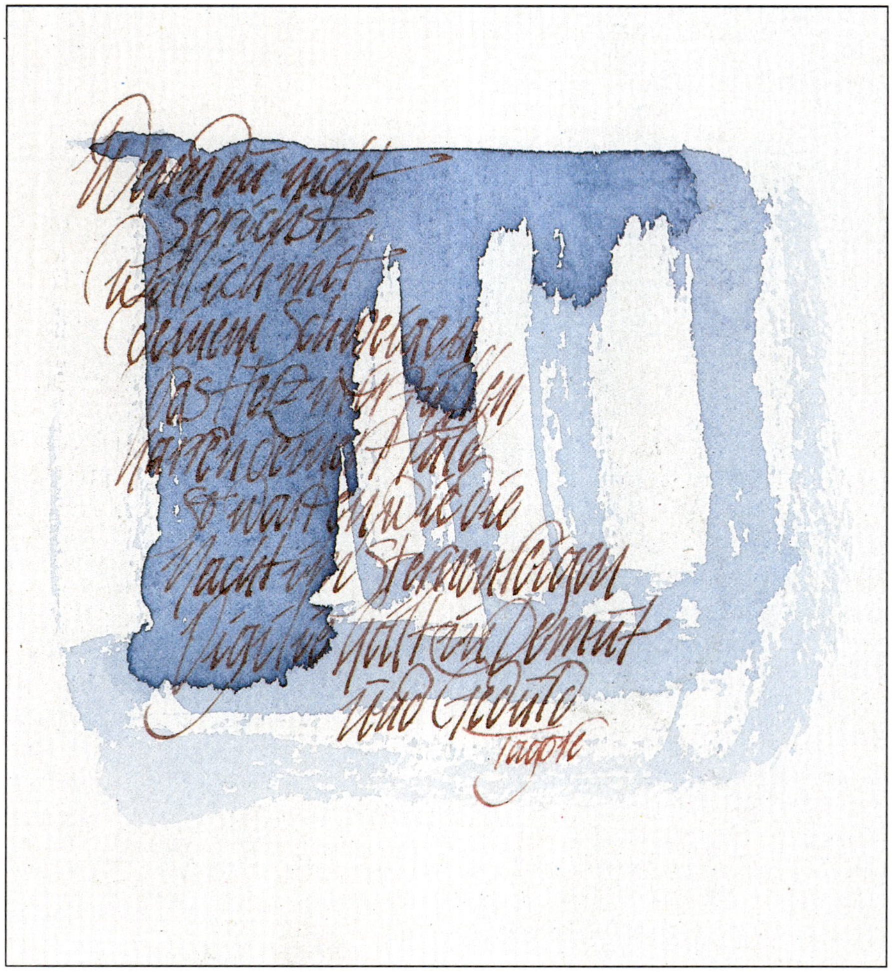

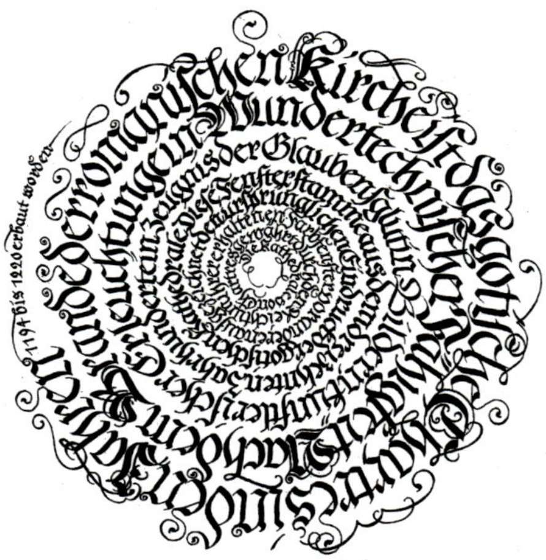

Oben links: Schriftkomposition mit Kleinbuchstaben
Oben rechts: Schriftkomposition mit Großbuchstaben, beide von Martin Splittgerber, Abiturient

Oben: Schriftspirale in Fraktur von Gabriele Weber, Feintäschnerlehrling

Links: Lasierter Aquarellgrund von Korinna Kallenbach, Abiturientin

Rechts: Zwei Schriftkompositionen von Angelika Richter, Graphik-Design-Studentin

Der Schriftsteller Lion Feuchtwanger wurde geboren im vorletzten Jahrzehnt des 19. Jahrhunderts in einer Stadt des Landes Bayern, genannt München. Er wurde von insgesamt 98 Lehrern in 211 Disziplinen unterrichtet, darunter waren Hebräisch, angewandte Psychologie, Geschichte der oberbayrischen Fürsten, Sanskrit, Zinseszinsrechnung, Gotisch und Turnen, nicht aber waren darunter englische Sprache, Nationalökonomie und amerikanische Geschichte.
Der Schriftsteller Lion Feuchtwanger brauchte 19 Jahre, um von diesen 211 Disziplinen 172 vorllständig in seinem Gedächtnis auszurotten. Bei seinem Doktorexamen versagte er in der Prüfung über altdeutsche Grammatik und Literatur, da er über die Nuancen, wie man seinen Gegner vom Pferd stößt, nicht hinlänglich unterrichtet war.

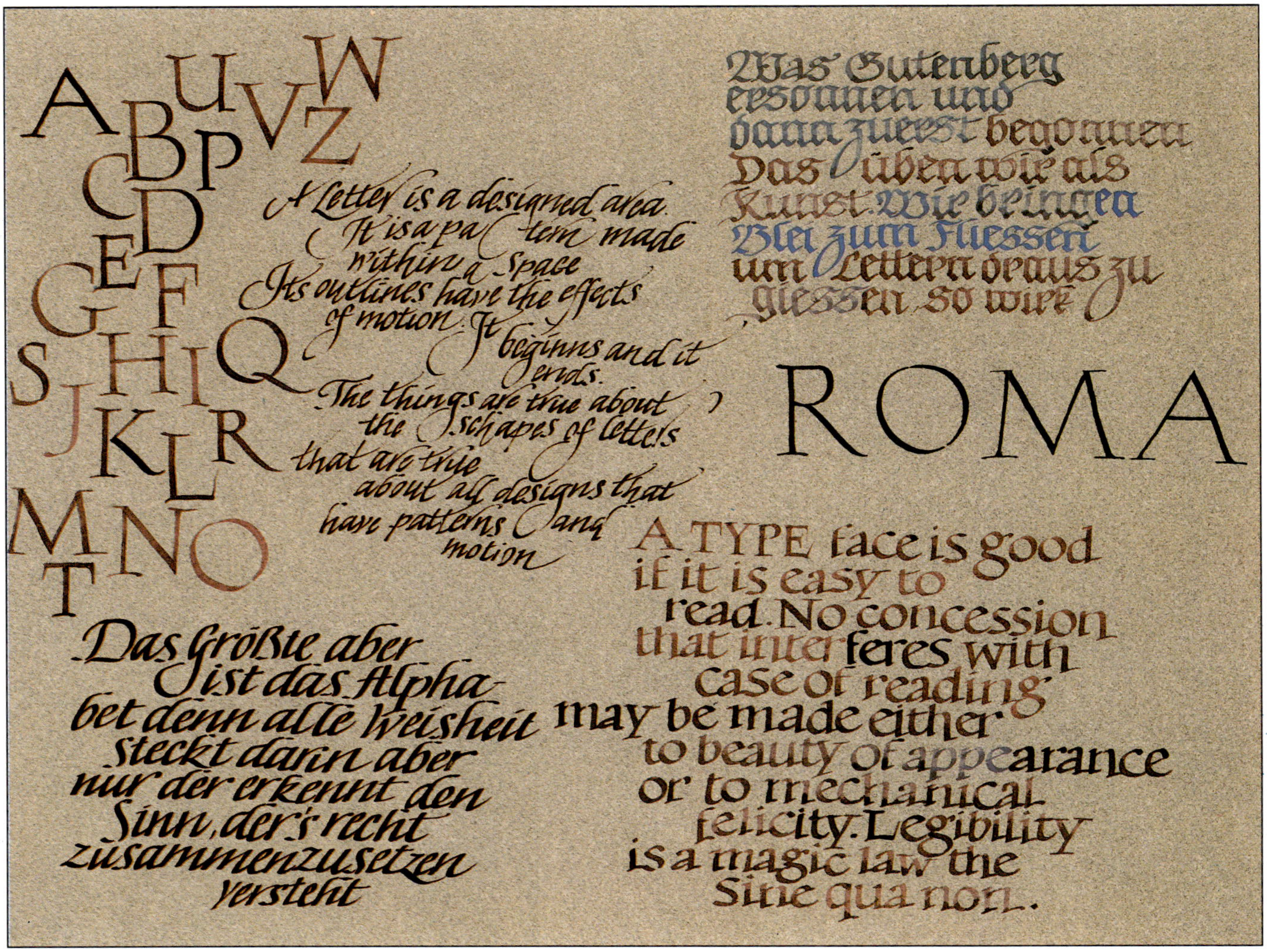

Abbildung Seite 6: Ein Blatt aus der Goldenen Bulle Kaiser Karls IV., 1356. Prunkhandschrift König Wenzels, 1400.
Abbildungen Seite 7 (von links nach rechts und oben nach unten): Textseite aus der Heidelberger Liederhandschrift (1310–1340) mit Proben zu »Hesso von Rinach« und »Pfeffel«. – Brief von Herzog Karl August von Sachsen-Weimar über die Erhebung Schillers in den Adelsstand. – Das »Hildebrandslied«; die erste Seite des ältesten, als Bruchstück erhaltenen germanischen Heldenliedes einer Fuldaer Handschrift (Anfang des 9. Jahrhunderts). – Seite aus den »Carmina burana«, aus einer Benediktinerhandschrift des 13. Jahrhunderts. – »Das Wessobrunner Gebet«, Handschrift auf Pergament (um 810). – Seite aus der Münchner Pergamenthandschrift (um 1830) des »Heliand« Lehrgedicht über das Leben Jesu, verfaßt von einem sächsischen Geistlichen auf Veranlassung Ludwigs des Frommen (um 830).

ALPHABETE ZUM AUSSCHNEIDEN

Die folgenden Seiten mit Alphabetvorlagen können herausgeschnitten werden, ohne daß dadurch das Buch zerstört wird.

ANTIQUA

abcdefg
hijklmnop
qrstuvw
xyz
ß–,.:?!"&
1234567890

A B C D E F
G H I J K L
M N O P
Q R S T U V
W X Y Z
1 2 3 4 5 6 7
8 9 0

Humanistische Kursiv

ABCDEFG
HIJKLMNOP
QRSTUVW
XYZ

abcdefghijklmno
pqrstuvwxyz gß

Fraktur

ABCDEFGHIJ
KLMNOPQRS
TUVWXYZ

abcdefghijklmnopqrst
uvwxyz ß ſ & . , : ! ? -
1234567890

Schwabacher

ABCDEFGHIJ
KLMNOPQRS
TUVWXYZ

abcdefghijklmno
pqrsſtuvwxyz ß
1234567890